*A mia Madre
con la mia più profonda gratitudine*

Maurizio Gasperini

# Gravità, Stringhe e Particelle

## Una escursione nell'ignoto

 Springer

Maurizio Gasperini
Dipartimento di Fisica
Università di Bari

Collana *i blu - pagine di scienza* ideata e curata da Marina Forlizzi

ISSN 2239-7477                                                    e-ISSN 2239-7663

Springer nel rispetto dell'ambiente ha stampato questo libro su carta proveniente da foreste gestite in maniera responsabile secondo i criteri FSC® (Forest Stewardship Council®).

ISBN 978-88-470-5534-6                          ISBN 978-88-470-5535-3 (eBook)
DOI 10.1007/978-88-470-5535-3

© Springer-Verlag Italia, 2014

Coordinamento editoriale: Barbara Amorese
Progetto grafico: Ikona s.r.l., Milano
Impaginazione: CompoMat s.r.l., Configni (RI)

Springer-Verlag Italia S.r.l., Via Decembrio 28, I-20137 Milano
Springer fa parte di Springer Science + Business Media (www.springer.com)

# Prefazione

Questo libro è stato ispirato dalle conversazioni avute con un amico (Pier Paolo Casalboni, detto "*Smilzo*"), che durante le vacanze estive, mentre prendiamo il sole sulla spiaggia di Cesenatico, tra una partita e l'altra, spesso mi chiede di raccontargli le ultime novità e le idee più curiose che riguardano il mio lavoro di fisico teorico.

In questo libro parlerò di fisica rivolgendomi dunque a lettori che non hanno necessariamente una preparazione specifica in questo campo, ma sono comunque interessati a scoprire la novità, l'originalità e le possibili strane implicazioni di alcune sorprendenti idee utilizzate dalla fisica moderna. Cercherò di non usare espressioni matematiche, a meno che non sia inevitabile per il punto che voglio illustrare. Cercherò anche di lasciar perdere, per una volta, il cauto e imparziale stile accademico, lasciandomi trasportare un po' dall'entusiasmo e dalle mie sensazioni relative agli argomenti in gioco.

Si può dire che è un libro di divulgazione scientifica, ma di stampo piuttosto non convenzionale, perchè si focalizza non solo ciò che è già noto ma anche − e soprattutto − su ciò che ancora è ignoto. Molte parti di questo libro sono infatti dedicate all'introduzione e all'illustrazione di modelli e risultati teorici che sono potenzialmente di importanza cruciale per una comprensione sempre più profonda della Natura, ma che sono ancora in attesa di una definitiva conferma (o smentita) sperimentale. Da questo punto di vista il libro potrebbe avere qualche interesse anche per i fisici di professione, specializzati o no nel campo della fisica teorica e delle interazioni fondamentali.

Vorrei spiegare, infine, perché mi sono focalizzato principalmente su tre temi: gravità, stringhe e particelle. Perchè questi tre argomenti? Cosa li accomuna, distinguendoli da altri importanti temi di ricerca della fisica moderna?

I legami che esistono tra loro sono molteplici, come vedremo: basti pensare che sono necessarie le stringhe per formulare una consistente teoria unificata che includa, oltre alla gravità e alle altre interazioni, anche tutte le particelle che rappresentano i componenti fondamentali della materia.

La mia scelta, però, è principalmente motivata dal fatto che solo uno studio congiunto dei modelli per la gravità, le stringhe e le particelle sembra in grado di fornirci la chiave di quello che (a mio avviso) rappresenta uno dei più grandi e affascinanti misteri della scienza attuale: oltre al tempo e alle tre dimensioni dello spazio, esistono altre dimensioni nel nostro Universo? In caso affermativo, quante sono?

Cesena, Febbraio 2013                                     *Maurizio Gasperini*

# Notazioni

Per semplificare al massimo le (poche) formule che presenteremo in questo libro useremo sempre il sistema di unità di misura cosiddetto "naturale", in cui la velocità della luce $c$ e la costante di Planck $\hbar$ sono poste entrambe uguali a uno.

In questo caso massa ed energia hanno le stesse dimensioni, l'energia ha dimensioni dell'inverso di una lunghezza, e la densità di energia ha dimensioni dell'inverso di una lunghezza alla quarta potenza.

Come distanza di riferimento useremo spesso la lunghezza di Planck $L_P$, definita da $L_P = \sqrt{G}$, dove $G$ è la costante di Newton; come energia di riferimento useremo spesso la massa di Planck $M_P$, definita da $M_P = 1/L_P$.

Esprimeremo preferibilmente le distanze in centimetri (abbreviati con la sigla cm); le energie in elettronvolts (abbreviati con la sigla eV), oppure miliardi di elettronvolts (abbreviati con la sigla GeV), oppure migliaia di GeV (abbreviati con la sigla TeV). Occasionalmente useremo come unità di distanza anche l'anno luce, pari a circa $0.9 \times 10^{18}$ cm. Infine, esprimeremo le temperature in gradi Kelvin, ricordando che un grado Kelvin (ponendo la costante di Boltzmann uguale a 1) corrisponde a circa $8.6 \times 10^{-5}$ eV.

In queste unità la lunghezza di Planck è data da:

$$L_P \simeq 1.61 \times 10^{-33} \text{cm},$$

la massa di Planck è data da:

$$M_P \simeq 1.22 \times 10^{19} \text{GeV},$$

e il raggio di Hubble $L_H$, che controlla l'estensione della porzione di spazio accessibile all'osservazione diretta, è attualmente dato da:

$$L_H \simeq 1.28 \times 10^{28} \text{cm}.$$

Altre scale di distanza e di energia, rilevanti per gli argomenti affrontati in questo libro, saranno di volta in volta introdotte e definite dove necessario.

# Indice

# 1. Prologo: una "culla" fatta d'energia

Si dice spesso che la fisica delle "piccole distanze" è equivalente alla fisica delle "alte energie". In effetti è proprio così, per effetto del famoso principio di indeterminazione di Heisenberg. Questo principio stabilisce che per distinguere (e misurare) distanze sempre più piccole è necessario impiegare oggetti con quantità di moto sempre più elevate, e quindi con energie cinetiche sempre più grandi. Secondo il principio di indeterminazione, in particolare, l'energia necessaria $E$ risulta inversamente proporzionale alla distanza $d$ che stiamo considerando, e quindi $E$ tende a diventare infinitamente grande quando la distanza $d$ tende a zero.

Anche le grandissime distanze, però, ci portano inevitabilmente verso le alte energie. Questo avviene sostanzialmente per due ragioni: una, di carattere contingente, è associata all'espansione del nostro Universo; l'altra, di carattere più fondamentale, è associata al fatto che le informazioni e i segnali (di qualunque tipo) si propagano con velocità finita.

A causa di questa seconda importante proprietà della Natura, infatti, guardare "lontano nello spazio" significa anche guardare "indietro nel tempo", perché i segnali che riceviamo da sorgenti sempre più lontane sono stati emessi in tempi sempre più remoti. Se una galassia dista dalla Terra milioni di anni luce, per esempio, la sua luce ha dovuto viaggiare per milioni di anni prima di arrivare fino a noi, e le informazioni che ci può fornire sullo stato di quella galassia si riferiscono all'epoca in cui la luce è partita, ovvero milioni di anni prima[1].

---

[1]La famosa galassia *Andromeda*, la cui immagine viene usata anche come sfondo di scrivania nelle recenti versioni dei computers Macintosh, è una delle galassie più vicine, e dista dalla Terra circa due milioni e mezzo di anni luce, pari a $2.4 \times 10^{19}$ chilometri.

A causa dell'espansione dell'Universo, d'altra parte, guardare indietro nel tempo significa anche considerare epoche in cui materia e radiazione erano concentrate in volumi di spazio sempre più piccoli, per cui la temperatura e l'energia cinetica delle singole componenti elementari erano sempre più elevate. Quindi, più remoto è il segnale che ci raggiunge, più grande è la scala di energia corrispondente all'epoca dell'emissione.

Ne consegue che le nostre osservazioni non possono spingersi all'indietro nel tempo (e lontano nello spazio) a nostro piacimento: oltre una certa epoca, ad esempio, l'Universo è così denso da non essere più trasparente alla radiazione elettromagnetica[2] (la luce emessa viene immediatamente riassorbita, e quindi non è in grado di raggiungerci e di portarci informazioni). Potremmo considerare altri tipi di radiazione (ad esempio onde gravitazionali) che sono più penetranti della luce, e possono arrivare a noi da epoche più remote. Anche procedendo in questo modo, però, la cosmologia tradizionale ci dice che troveremmo comunque, a una certa epoca e a una certa distanza, una barriera invalicabile dovuta alla cosiddetta "singolarità iniziale": il famoso Big Bang.

La singolarità del Big Bang, che segna l'inizio dell'espansione del nostro Universo, e che è caratterizzata da scale di energia arbitrariamente elevate, non è infinitamente lontana nel tempo (e nello spazio), ma è localizzata in un'epoca che risale a circa 14 miliardi di anni fa, e che corrisponde a una distanza dell'ordine del cosiddetto "raggio di Hubble", $L_H$. Questa distanza dipende dal tempo, in generale, e oggi vale appunto circa 14 miliardi di anni luce. Per distanze spaziali che tendono a $L_H$, dunque, la corrispondente scala di energia tende all'infinito.

Per riassumere gli argomenti precedenti, e sintetizzarne le conclusioni, possiamo fare un grafico (empirico) della scala di energia $E$ in funzione della distanza $d$. Otteniamo allora una curva del tipo di quella riportata in Fig. 1.1, che cresce senza limiti sia per distanze molto piccole ($d \to 0$), sia per distanze dell'ordine del raggio di Hubble ($d \to L_H$). Questo andamento dell'energia sembra tener

---

[2]Questo avviene quando la radiazione raggiunge e supera una temperatura che è circa mille volte più elevata di quella dell'Universo attuale, ossia una temperatura di circa 2973 gradi Kelvin. Tale temperatura viene raggiunta alla cosiddetta epoca di "disaccoppiamento" della radiazione (si vedano ad esempio i testi di R. Durrer [1], S. Weinberg [2], oppure [3] per un testo in italiano).

confinate le nostre osservazioni entro un intervallo di distanze finito, limitato da due barriere fisicamente invalicabili. Ci vorrebbe infatti un'energia infinitamente elevata per aver accesso a distanze piccole a piacere o grandi a piacere, come se la Natura avesse preparato per noi una "culla" dalla quale non possiamo evadere.

Come tutte le culle, però, anche la "culla energetica" di cui stiamo parlando potrebbe essere efficace per confinare e proteggere una scienza fisica "neonata", rivelandosi poi inadeguata, e dotata di barriere non più insormontabili, al crescere e maturare delle nostre conoscenze scientifiche. Recenti sviluppi della fisica teorica, che vedremo in dettaglio nei prossimi capitoli, sembrano infatti suggerire che le barriere energetiche della Fig. 1.1 possano essere "smussate" − sia a grandi distanze che a piccole distanze − limitandole a valori di energia molto elevati, ma *finiti*.

Anticipando alcuni risultati, e considerando innanzitutto la barriera "cosmologica" associata al Big Bang, possiamo infatti ricordare che la teoria delle stringhe permette di formulare modelli d'Universo in cui la singolarità iniziale viene sostituita da una fase di transizione − la cosiddetta "fase di stringa" − caratterizzata da densità e temperature con valori molto più grandi di quelli tipici della materia ordinaria, ma non infiniti. In questo caso la scala di energia $E$ non è più divergente in corrispondenza di $L_H$, ma si limita a raggiungere un valore massimo $E_S$ (determinato dalla teoria delle stringhe), do-

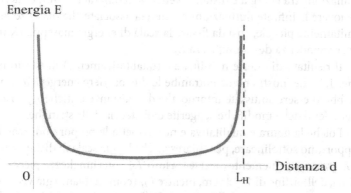

Fig. 1.1    La scala di energia $E$ in funzione della corrispondente scala di distanza $d$. Le distanze fisicamente accessibili sembrano essere delimitate da due barriere di energia infinitamente elevate

Energia E

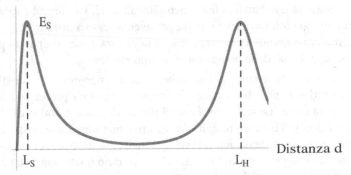

**Fig. 1.2**  La scala di energia $E$ in funzione della corrispondente scala di distanza $d$, includendo le limitazioni suggerite dalla teoria delle stringhe. Le distanze fisicamente accessibili si estendono da zero a valori arbitrariamente elevati

podiché torna a decrescere, rendendo accessibili all'osservazione distanze spaziali (e intervalli temporali) arbitrariamente estesi (si veda la Fig. 1.2).

Possiamo aspettarci una modifica simile anche nel caso della barriera energetica presente a piccole distanze. Infatti, la scala di energia massima $E_S$ è inversamente proporzionale a una distanza che chiameremo $L_S$, che è tipica della teoria delle stringhe (e più in generale degli oggetti estesi) in versione quantistica. Al di sotto di questa distanza, che possiamo associare alla lunghezza minima di un oggetto esteso quantizzato, dobbiamo aspettarci che la relazione di indeterminazione tra energia e distanza venga generalizzata in modo da rimuovere le infinite fluttuazioni di energia associate alle distanze infinitamente piccole, così da fissare la scala di energia massima $E_S$ in corrispondenza della lunghezza $L_S$.

Il risultato di queste modifiche è (qualitativamente) illustrato in Fig. 1.2, che mostra come entrambe le due barriere energetiche potrebbero essere smussate intorno alle due distanze critiche $L_S$ e $L_H$, per effetto delle modifiche suggerite dalla teoria delle stringhe.

Poiché la figura è qualitativa e non rispetta le proporzioni reali è opportuno sottolineare, per chiarezza, che le due scale di distanza $L_S$ e $L_H$ sono enormemente diverse tra loro: $L_S$ è una lunghezza piccolissima, dell'ordine di $10^{-32}$ cm, mentre $L_H$ (come abbiamo già visto) è estremamente grande, dell'ordine di $10^{28}$ cm (pari a circa 14 miliardi di anni luce).

Inoltre, l'altezza $E_S$ della barriera energetica rappresenta un'energia enorme rispetto alla scala di valori tipici della fisica nucleare e subnucleare. La teoria delle stringhe suggerisce infatti per $E_S$ un valore dell'ordine di $10^{15}$ TeV, vale a dire un'energia che è un milione di miliardi di volte più grande dell'energia massima attualmente raggiungibile dal grande acceleratore LHC (*Large Hadron Collider*), in funzione presso i laboratori del CERN di Ginevra.

Si tratta quindi di due barriere di altezza finita ma molto elevata, posizionate a distanza enorme tra loro. Quali altri mondi, o quali nuovi fenomeni naturali, ci aspettano al di là di quelle barriere che la fisica del secolo scorso considerava invalicabili?

Siamo un po' incuriositi e un po' intimoriti, come un bambino piccolo che per la prima volta solleva il capo per guardare oltre le pareti della sua culla.

# 2. Gravità a piccole distanze

La forza gravitazionale, tra tutte le varie forze fondamentali della Natura, è forse quella che crediamo di conoscere meglio – se non altro perché è quella che da sempre ha condizionato il nostro modo di vivere e la nostra esperienza.

Alle scuole superiori si insegna ancor oggi la legge di gravitazione universale di Newton: due masse si attirano con una forza che è inversamente proporzionale al quadrato della loro distanza. Secondo questa legge, se dimezziamo la distanza la forza diventa il quadruplo. Se la distanza si riduce a un quarto, la forza gravitazionale diventa sedici volte più intensa. E così via. Ma cosa succede se andiamo a distanze sempre più piccole e sempre più piccole? La forza di gravità continua ancora a seguire l'andamento previsto da Newton?

A questo punto devo fare una precisazione importante. Le piccole distanze di cui sto parlando, per il momento, non sono "così piccole" da dover richiedere l'applicazione dei principi della fisica quantistica. Se entriamo nel regime in cui è necessario "quantizzare" l'interazione gravitazionale, infatti, sappiamo già che ci saranno correzioni dovute alla produzione virtuale di particelle[1], e che le leggi classiche della gravitazione risulteranno inevitabilmente modificate. Non vogliamo occuparci per ora di queste correzioni, e quindi ci limitiamo a un regime di distanze in cui la fisica classica è valida.

Dovrei inoltre sottolineare che, anche restando in un contesto classico, la teoria di Newton fornisce comunque un modello approssimato e incompleto dell'interazione gravitazionale. Il modello corretto, secondo la scienza moderna, è fornito dalla teoria della relatività generale di Einstein, che descrive la gravità come una conseguenza geo-

---

[1] Chi è esperto di fisica certamente capirà che mi sto riferendo alle correzioni dovute ai *loops* quantistici, descritte dai grafici di Feynman.

metrica della curvatura dello spazio-tempo. Però, nel limite in cui le masse sono statiche, il campo gravitazionale sufficientemente debole, e la curvatura dello spazio così piccola da essere trascurabile, anche la teoria di Einstein prevede che la forza tra due corpi puntiformi abbia l'andamento descritto dalla legge di Newton.

La domanda formulata in precedenza rimane dunque lecita. Fino a che distanza la legge classica della gravità Newtoniana è valida? La risposta può venire solo da una verifica sperimentale diretta, effettuata a distanze sempre più piccole, fino ai limiti massimi consentiti dalla tecnologia corrente.

Esperimenti che mettono alla prova la legge Newtoniana dell'inverso del quadrato della distanza sono stati – e vengono tuttora – effettuati con precisione sempre crescente. Si sono presi in considerazione molti tipi di possibili correzioni. Si è supposto, ad esempio, che a piccole distanze la forza di gravità sia inversamente proporzionale non al quadrato, ma al cubo, o alla quarta potenza, o a qualche altra potenza della distanza. Oppure, che la forza decresca con la distanza in modo esponenziale. Si è anche considerata la possibilità che la costante gravitazionale di Newton – la famosa costante $G$ – non sia universale, e che il suo valore cambi con la distanza.

Tutte queste possibili modifiche sono state messe alla prova con moderni strumenti di precisione in grado di misurare la forza di gravità a piccole distanze[2]: le bilance di torsione, i pendoli di torsione, gli oscillatori di torsione ad alte e basse frequenze, e i cosiddetti "microcantilevers" (microscopici vibratori formati da minuscole schegge di silicio disposte come piccoli trampolini).

Nessun esperimento è mai riuscito, finora, a rivelare alcuna violazione della legge dell'inverso del quadrato della distanza. Se assumiamo che tali violazioni siano controllate da una costante gravitazionale che ha lo stesso valore a tutte le distanze[3], le misure effettuate ci dicono, in particolare, che la legge di Newton potrebbe essere eventualmente modificata solo su scale di distanze sub-millimetriche: più precisamente, su distanze inferiori ai due decimi di millimetro (ci si aspetta che questo limite possa essere presto esteso fino a due cente-

---

[2]Il lettore interessato può trovare una descrizione dei vari esperimenti nell'articolo di rassegna di E. G. Adelberger, B. R. Heckel e A. E. Nelson [4].
[3]Deve essere così se vogliamo che il principio di equivalenza resti valido (si veda il paragrafo successivo).

simi di millimetro). A distanze più grandi, dell'ordine (per esempio) del centimetro, eventuali modifiche sarebbero possibili solo se caratterizzate da una costante gravitazionale – ovvero, da un'intensità effettiva – che risulta almeno mille volte più piccola della costante $G$ di Newton.

Questi risultati sperimentali sono sorprendenti, e non perché forniscano un'accurata conferma della legge di gravità di Newton. Piuttosto, per il motivo contrario: la legge di Newton risulta infatti confermata solo fino a distanze di poco inferiori al millimetro, e quindi rimane molto spazio a eventuali modifiche.

È facile osservare, infatti, che le correzioni alla legge di Newton previste dalla relatività generale diventano cruciali per distanze confrontabili con il cosiddetto raggio di Schwarzschild, che per corpi di massa dell'ordine del kilogrammo (come quelle impiegate negli esperimenti) risulta circa $10^{-25}$ cm. Le correzioni dovute ad effetti di gravità quantistica, d'altra parte, risultano cruciali per distanze ancora più piccole, dell'ordine della lunghezza di Planck $L_P$ che vale circa $10^{-33}$ cm. Tra queste distanze e quelle relative alle verifiche sperimentali (che sono dell'ordine di $10^{-2}$ cm) c'è chiaramente un enorme vuoto di informazioni.

Nel "vuoto" di queste distanze intermedie potrebbero nascondersi importanti modifiche alla legge di gravitazione che ancora non abbiamo scoperto, e che, una volta scoperte – o smentite – potrebbero aiutarci a capire meglio la Natura e le sue interazioni fondamentali.

Infatti, ci sono attualmente vari modelli teorici che prevedono la possibilità – e la necessità – di correggere la legge gravitazionale di Newton a piccole distanze. Come vedremo nel resto del capitolo, tali correzioni possono essere di tre tipi: correzioni dovute alla presenza di nuove forze della Natura, nuove proprietà intrinseche dell'interazione gravitazionale oppure di nuove dimensioni dello spazio.

## 2.1  Nuove forze della Natura?

Nella seconda metà degli anni '80, quando ero un giovane ricercatore in servizio presso il Dipartimento di Fisica Teorica dell'Università di Torino, ricordo che fece molto scalpore un articolo pubblicato da alcuni fisici americani[4] che affermavamo di aver scoperto una violazione del famoso principio di equivalenza.

Questo principio, che rappresenta uno dei pilastri concettuali della teoria della relatività generale di Einstein, stabilisce che la gravità agisca in maniera "universale" su tutti i tipi di materia e di energia. Al contrario della forza elettromagnetica, che distingue le cariche elettriche positive da quelle negative (e da quelle nulle), e che produce quindi accelerazioni diverse su corpi con diversa carica elettrica totale, la forza gravitazionale produce su tutti i corpi la stessa accelerazione, proprio come se tutti fossero dotati della stessa identica "carica gravitazionale".

È grazie a questo principio che gli effetti della gravità si possono sempre eliminare, su regioni di spazio (e intervalli di tempo) sufficientemente limitate. Possiamo ricordare, a questo proposito, un effetto che molti di noi hanno sicuramente visto guardando in TV i filmati trasmessi sugli astronauti in orbita: l'astronauta galleggia liberamente nella sua cabina insieme ad altri oggetti più leggeri (una mela, una matita), come se la gravità in quel luogo fosse completamente scomparsa, per tutti i corpi, indipendentemente dal valore della loro massa.

Orbene, in quell'articolo degli anni '80 si analizzavano i dati di un famoso esperimento effettuato dal fisico ungherese Eötvös agli inizi del Novecento, e si concludeva che la forza gravitazionale tra metalli diversi (in particolare, tra rame e alluminio e tra rame e piombo) aveva intensità diverse, come se questi metalli avessero cariche gravitazionali – o meglio, come si usa dire, "costanti d'accoppiamento" gravitazionali – diverse tra loro, e quindi non universali. Si trovava, in particolare, che le costanti gravitazionali di questi metalli dovevano differire tra loro per una frazione di poco inferiore all'uno per cento.

Diciamo subito che questo risultato è stato successivamente smentito da ulteriori e più accurate analisi sperimentali, e che a tutt'oggi nessun effetto del genere è mai stato trovato. Ciononostante, l'annuncio di una presunta violazione del principio di equivalenza provocò una valanga di lavori e articoli di ricerca sulle possibili interpretazioni e implicazioni che tale violazione potrebbe avere nell'ambito

---

[4]Era un articolo di E. Fischbach, D. Sudarsky, A. Szafer, C. Talmadge e S. H. Aronson [5].

dei modelli teorici della gravità e delle altre interazioni fondamentali.

La domanda che ci si può porre, interessante di per sè, è infatti la seguente: come si potrebbe spiegare il fatto che sostanze diverse "sentono" e "rispondono" alla forza gravitazionale in modo diverso? e, soprattutto, come farlo senza contraddire i risultati della relatività generale e della legge di Newton che – di fatto – descrivono perfettamente gli effetti gravitazionali a grande distanza? (si pensi, ad esempio, al moto dei pianeti, alla precessione delle loro orbite, ecc.).

La risposta è fornita dai modelli teorici che prevedono che la forza di gravità totale sia composta dai contributi di due (o più) componenti. Una componente ha raggio d'azione infinito (e quindi è predominante alle grandi distanze), e agisce con intensità universale (controllata dalla costante $G$) sulla massa totale dei corpi. L'altra componente, invece, è una forza a corto raggio che agisce direttamente sui componenti atomici (protoni, neutroni, elettroni) dei vari corpi, e che è controllata da una costante d'accoppiamento simile (ma non necessariamente identica) alla $G$ di Newton.

Questa nuova componente viene anche chiamata *quinta forza*, per distinguerla dalle altro quattro forze fondamentali della Natura: elettromagnetiche, gravitazionali, nucleare debole e nucleare forte. Poiché ha un corto raggio d'azione (non superiore alle centinaia di metri) questa forza si può far sentire negli esperimenti di laboratorio, ma non ha alcun effetto sulle grandi distanze (ad esempio, sulla dinamica gravitazionale dei pianeti). Inoltre, poiché si accoppia direttamente ai componenti atomici della materia, agisce in modo diverso su sostanze che hanno una diversa composizione chimica (come, ad esempio, il rame, lo stagno, il piombo di cui parlavamo prima), e quindi produce una forza gravitazionale effettiva che risulta *dipendente dalla composizione* dei corpi considerati.

Ci sono modelli teorici fondamentali, non formulati ad hoc, che consentono la possibile esistenza di questa quinta forza?

La risposta (che forse ci sorprenderà) è affermativa. In particolare, modelli come quelli della "supergravità" e delle "superstringhe" (di cui parleremo più estesamente in seguito) prevedono che la presenza di piccole violazioni del principio di equivalenza e di anomalie nella forza gravitazionale a piccole distanze sia non solo possibile, ma anche – sotto certe condizioni – inevitabile. In questi modelli la quinta forza può essere rappresentata da un campo di tipo vettoriale, associato a una particella chiamata "gravifotone", oppure da un campo di tipo scalare, associato a una particella chiamata "dilatone". Illustreremo brevemente queste due possibilità nel paragrafo seguente.

### 2.1.1 Il gravifotone e il dilatone

Cominciamo dal gravifotone, che è una particella prevista dai cosiddetti modelli di "supersimmetria estesa"[5].

Dobbiamo ricordare, a questo proposito, che un sistema fisico si dice supersimmetrico se contiene lo stesso numero di componenti bosoniche e fermioniche, e se rimane invariato scambiando le componenti bosoniche con quelle fermioniche. I bosoni sono particelle (come i fotoni, ad esempio) che hanno uno spin (o momento angolare intrinseco) intero, e obbediscono alle regole statistiche di Bose-Einstein; i fermioni, invece, sono particelle (come gli elettroni, ad esempio) che hanno spin semintero e obbediscono alle regole statistiche di Fermi-Dirac.

Normalmente, un sistema fisico ordinario risulta invariante per trasformazioni che scambiano tra loro, separatamente, i bosoni tra loro e i fermioni tra loro. Un sistema supersimmetrico è dunque un sistema fisico molto speciale. Questa osservazione è confermata dal fatto che, anche utilizzando tutte le particelle finora note (e sono tante), e combinandole arbitrariamente tra loro, non risulta in alcun modo possibile costruire un sistema che abbia le proprietà di supersimmetria cercate.

La supersimmetria, d'altra parte, sembra essere una proprietà indispensabile – o, comunque, estremamente utile – per la soluzione dei problemi formali che inevitabilmente sorgono quando si tenta di fornire una descrizione unificate di tutte le forze della Natura e tutte le componenti elementari della materia. Per raggiungere l'obiettivo di una teoria unificata si è dunque ipotizzata l'esistenza di nuove particelle, che ancora non abbiamo scoperto[6], ma che possiedono le proprietà giuste per consentire la realizzazione di un modello teorico supersimmetrico.

---

[5]Si veda ad esempio il lavoro di R. Barbieri e S. Cecotti [6].
[6]La ricerca di queste particelle supersimmetriche è uno dei principali obiettivi degli esperimenti effettuati nel grande acceleratore LHC del CERN di Ginevra. Al momento in cui scrivo (marzo 2013), però, nessun risultato positivo è ancora stato ottenuto.

Vorrei aprire, a questo punto, una breve parentesi. Postulare l'esistenza di nuove particelle al solo scopo di soddisfare un requisito di simmetria e migliorare le proprietà formali della teoria può sembrare una procedura azzardata. Eppure, è proprio così che in passato si sono fatte importanti scoperte nella fisica delle interazioni fondamentali. Basterà ricordare, a questo proposito, la scoperta dei bosoni vettori $Z$ e $W$ (mediatori delle interazioni elettro-deboli), teoricamente postulati negli anni '60 sulla base di un principio di simmetria (l'invarianza di *gauge*), e sperimentalmente rivelati solo diversi anni dopo, in particolare grazie ai risultati ottenuti nel 1983 dall'acceleratore SPS del CERN di Ginevra[7].

Tornando al tema che ci interessa, per avere un modello supersimmetrico è necessario che a ogni particella corrisponda un "gemello" – o meglio, come si usa dire, un *partner* – supersimmetrico. Ad esempio, se vogliamo includere nel nostro modello il fotone, che trasmette l'interazione elettromagnetica e che è una particella bosonica di spin 1, dobbiamo associargli il "fotino", che ha proprietà di interazione simili ma che è un fermione di spin $1/2$. Se vogliamo includere il gravitone, che trasmette l'interazione gravitazionale e che è una particella bosonica di spin 2, dobbiamo associargli il "gravitino", che ha proprietà simili ma è un fermione di spin $3/2$. E così via.

Affinché il modello sia matematicamente consistente, però, non è sufficiente affiancare a ogni particella fondamentale il rispettivo *partner* supersimmetrico. Se vogliamo fornire una descrizione unificata di tutte le interazioni, inglobandole nello stesso schema supersimmetrico, dobbiamo introdurre anche altre particelle che hanno lo scopo di "raccordare", in un certo senso, le varie interazioni tra loro.

Tutte queste particelle possono essere infine raccolte e classificate in gruppi, detti "multipletti", che mettono insieme i componenti del modello coinvolti nella stessa interazione. Il multipletto gravitazionale, in particolare, contiene non solo il gravitone e il suo (già menzionato) *partner* fermionico, il gravitino, ma anche altre particelle bosoniche come il gravifotone e il graviscalare.

---

[7] L'esistenza di queste particelle è stata teoricamente prevista da S. Glashow, S. Weinberg e A. Salam. La definitiva conferma sperimentale si deve a C. Rubbia e S. van de Meer. Tutti questi fisici sono stati successivamente insigniti del Premio Nobel.

Concentriamoci sul gravifotone, che è quello che ci interessa per la nostra discussione sulla quinta forza. È una particella simile al fotone, in quanto è un bosone con spin uguale a uno. Differisce dal fotone, però, in tre importanti aspetti. Innanzitutto è dotato di massa, e quindi si propaga a una velocità inferiore a quella della luce. In secondo luogo non agisce sulla ordinaria carica elettrica ma sulla cosiddetta "carica barionica", che caratterizza le particelle pesanti (protoni e neutroni) contenute nei nuclei atomici[8]. In terzo luogo trasmette una forza che è molto più debole di quella elettromagnetica, e che ha un'intensità simile – ma non necessariamente identica – a quella gravitazionale.

Come la forza elettromagnetica, però, anche la forza trasmessa dal gravifotone è di tipo vettoriale, e quindi risulta attrattiva tra cariche barioniche di segno opposto, e repulsiva tra cariche barioniche dello stesso segno. Questo significa, in particolare, che due protoni (o due neutroni) sotto l'azione del gravifotone tendono a respingersi, mentre protoni e antiprotoni (così come neutroni e antineutroni) si attirano.

Poiché la materia ordinaria non contiene antiparticelle, ne consegue che l'effetto del gravifotone è quello di produrre una forza repulsiva che si sovrappone alla normale attrazione gravitazionale, indebolendone gli effetti. La forza effettiva totale diventa inoltre dipendente dalla composizione chimica dei corpi che stiamo considerando, perché sostanze diverse hanno un diverso numero di protoni e neutroni nei nuclei atomici, e quindi il gravifotone agisce su di loro con intensità diverse.

Se il gravifotone esiste, perché i suoi effetti (finora) non sono mai stati osservati? Probabilmente perché la massa del gravifotone è molto elevata e – di conseguenza – il raggio d'azione della forza trasmessa dal gravifotone è troppo piccolo per rientrare tra le distanze accessibili agli attuali esperimenti gravitazionali.

Il raggio d'azione di una forza, infatti, è inversamente proporzionale alla massa della particella che lo trasmette. La massa del gravifotone, d'altra parte, dovrebbe essere approssimativamente deter-

---

[8] Per essere più precisi, i gravifotoni si accoppiano alla cosiddetta "ipercarica", che si ottiene sommando alla carica barionica altre cariche elementari che distinguono tra loro le varie famiglie dei *quarks* (che sono i componenti elementari dei protoni e dei neutroni). Queste cariche aggiuntive, però, sono nulle per i nuclei atomici della materia ordinaria.

minata dalla scala di energia alla quale viene violato il principio di supersimmetria che collega tra loro bosoni e fermioni[9].

Dato che non si osserva alcune traccia di supersimmetria fino alle energie attualmente accessibili (che sono dell'ordine del TeV, pari a circa mille volte la massa del protone), ne consegue che la scala di violazione della supersimmetria deve essere superiore (o al massimo uguale) al TeV, e quindi anche la massa del gravifotone dovrebbe essere maggiore (o al limite dello stesso ordine) di questa scala. Il raggio d'azione associato a una massa dell'ordine del TeV risulta di circa $10^{-16}$ cm, che è appunto una distanza enormemente più piccola di quelle esplorate dalle attuali misure della forza gravitazionale (si veda la discussione all'inizio del capitolo).

Oppure, potrebbe darsi che il gravifotone non sia stato ancora osservato − pur avendo una massa piccola, e quindi un raggio d'azione sufficientemente grande − perché il suo accoppiamento alla carica barionica è troppo debole. Questo, in effetti, è quello che prevedono alcuni modelli formulati in uno spazio a molte dimensioni. In ogni caso, visto che gli attuali esperimenti gravitazionali non sembrano essere abbastanza sensibili per rivelare gli effetti del gravifotone, dovremmo chiederci se esistono (almeno in principio) altri metodi di rivelazione, diretta o indiretta.

La risposta è affermativa: il gravifotone può interagire anche col fotone, che è la particella che trasmette la forza elettromagnetica: quindi, oltre a modificare le equazioni di Newton per il campo gravitazionale, modifica anche le equazioni di Maxwell per il campo elettromagnetico stesso.

Grazie all'interazione fotone-gravifotone si possono infatti produrre nuovi interessanti effetti elettromagnetici[10]. Si trova, ad esempio, che un corpo dotato di carica barionica (che è proporzionale al numero totale di protoni e neutroni contenuti in quel corpo) può generare un campo elettrico anche se è neutro! (ossia, se la sua carica elettrica totale è zero). Il campo elettrico creato dal gravifotone, però, è un campo a corto raggio, che tende a scomparire a distanze macro-

---

[9]Affinché la supersimmetria sia valida, infatti, le particelle contenute nello stesso multipletto dovrebbero avere la stessa massa. In regime supersimmetrico, dunque, il gravifotone dovrebbe avere la stessa massa del gravitone, che è nulla. Quando la supersimmetria si rompe, invece, si genera una differenza di massa anche tra le particelle dello stesso multipletto.

[10]Si veda ad esempio un mio vecchio lavoro del 1989 [7].

scopiche se – come discutevamo prima – la massa del gravifotone è molto elevata.

Questo campo elettrico aggiuntivo, a corto raggio, è ovviamente presente anche se il corpo è elettricamente carico. In tal caso un corpo statico produce un campo elettrico totale il cui andamento devia dalla ben nota legge di Coulomb, come se il fotone avesse acquistato una massa effettiva, piccola ma diversa da zero. Le verifiche sperimentali della legge di Coulomb – così come, nel caso gravitazionale, quelle della legge di Newton – permettono quindi di avere informazioni dirette sul raggio d'azione del gravifotone e sull'intensità del suo accoppiamento ai fotoni.

Tale accoppiamento, se esiste, risulta molto piccolo: il rapporto tra l'intensità delle componenti gravifotonica e fotonica del campo elettrico totale, infatti, deve essere inferiore a circa un milionesimo per non contraddire gli attuali esperimenti. È importante sottolineare, però, che le correzioni alla forza elettromagnetica indotte dall'accoppiamento fotone-gravifotone – al contrario delle correzioni alla forza gravitazionale indotte dall'accoppiamento barione-gravifotone – risultano (in prima approssimazione) *indipendenti* dalla composizione del corpo carico (e quindi, in un certo senso, universali).

Va ricordata, infine, un'altra interessante conseguenza dell'accoppiamento fotone-gravifotone che si verifica anche nel vuoto, in assenza di cariche e correnti (sia elettriche che barioniche).

Un'onda elettromagnetica che si propaga liberamente nel vuoto, con quantità di moto costante, contiene in generale entrambe le componenti fotoniche e gravifotoniche che descrivono, rispettivamente, radiazione con massa nulla e con massa diversa da zero. Queste componenti hanno necessariamente frequenze differenti, e la loro interferenza produce oscillazioni nell'intensità totale dell'onda (per un fenomeno di "mescolamento", o di mutua conversione, delle due componenti, simile a quello che producono le oscillazioni dei neutrini).

Questo effetto, che sembra difficile da rivelare in laboratorio, potrebbe avere importanti conseguenze in campo astrofisico o cosmologico. In particolare, potrebbe essere alla base del meccanismo che ha generato gli intensi campi magnetici osservati nel cosmo su scala galattica e intergalattica[11], e la cui origine rimane tuttora misteriosa.

---

[11]Questa possibilità è stata discussa in un mio lavoro del 2001 [8].

Consideriamo ora la possibilità che la quinta forza sia mediata da una particella di tipo scalare[12]. Vari modelli, infatti, prevedono l'esistenza di un *partner* scalare per il gravitone: nei modelli (già menzionati) di supersimmetria estesa, ad esempio, c'è il graviscalare che fa coppia con il gravifotone. Ma non c'è bisogno della supersimmetria per costruire modelli gravitazionali fisicamente interessanti e formalmente consistenti che includono componenti scalari: un famoso esempio è il modello scalare-tensoriale di Brans-Dicke, formulato mezzo secolo fa e ancora attuale.

In questo capitolo ci concentreremo sul caso particolare del cosiddetto dilatone, che è il *partner* scalare del gravitone previsto dalle teorie delle stringhe. Questa particella, oltre a essere un possibile mediatore della quinta forza, è dotata di altre importanti proprietà che la rendono unica nel panorama delle particelle elementari. Ad esempio, come vedremo meglio in seguito, è il dilatone che determina il valore numerico della costante gravitazionale di Newton.

Il nome di questa particella deriva dalla sua stretta connessione con la simmetria di "dilatazione" (o simmetria "conforme") che caratterizza la dinamica degli oggetti unidimensionali (detti appunto "stringhe", o corde). Grazie a questa simmetria la dinamica di una stringa non deve essere influenzata da un cambiamento di scala di lunghezza, di energia, di tempo, e quindi da un'eventuale dilatazione (o contrazione) della stringa stessa.

Il dilatone, che è inevitabilmente presente nei modelli di stringa perché è una componente dello stato fondamentale delle stringhe quantizzate, tende a violare la simmetria conforme, provocando ciò che si chiama una "anomalia conforme" che rende il modello formalmente inconsistente. Tale violazione si può evitare, a patto però che il dilatone soddisfi appropriate condizioni che ne determinano completamente la dinamica. Sono proprio queste condizioni che fissano il ruolo del dilatone anche nel contesto dell'interazione gravitazionale.

Secondo queste condizioni, il dilatone può interagire con tutte le altre particelle (e non solamente con quelle che hanno carica barionica, come nel caso del gravifotone); tale interazione, però, non è uni-

---

[12]Una particella scalare è descritta da una funzione matematica con una sola componente, che rimane rimane invariata quando effettuiamo un cambio di coordinate. Una particella vettoriale, invece, è descritta da una funzione con più componenti, che si trasformano come le componenti di un vettore quando si cambiano le coordinate.

versale, ossia ha intensità diverse per particelle diverse, e l'intensità dipende dalle correzioni che inevitabilmente insorgono quando si tiene conto degli effetti quantistici.

Nel caso della teoria delle stringhe, purtroppo, non abbiamo ancora tecniche matematiche rigorose che ci consentono di calcolare esattamente le correzioni quantistiche nel regime di forti interazioni, e dobbiamo attenerci alle congetture che ci sembrano più ragionevoli. Secondo alcune indicazioni[13], ad esempio, la costante d'accoppiamento del dilatone potrebbe essere da 40 a 50 volte più intensa di quella di Newton per le particelle pesanti (come i protoni e i neutroni), e dello stesso ordine di quella di Newton per le particelle leggere, dette "leptoni" (come gli elettroni).

In questo caso la forza prodotta dal dilatone su di un corpo macroscopico composto di molte particelle, di vario tipo, tende a essere *più intensa* di quella gravitazionale, e dipendente dalla composizione chimica del corpo. È importante sottolineare, in particolare, che la forza dilatonica è sempre di tipo *attrattivo* e quindi, a differenza di quanto avviene per il gravifotone, la forza gravitazionale totale risulta rafforzata, anziché indebolita, dal contributo dilatonico.

Come nel caso del gravifotone, però, anche in questo caso la mancanza di conferme sperimentali fino a distanza dell'ordine del decimo di millimetro implica che la forza dilatonica debba avere un raggio d'azione sufficientemente piccolo, ossia che la massa del dilatone debba essere abbastanza grande: in particolare, maggiore (o dell'ordine) di circa un millesimo di elettronvolt. Una massa di questo tipo potrebbe risultare, comunque, molto piccola rispetto alla scala di masse delle altre particelle elementari: la massa del protone, ad esempio, è mille miliardi di volte più grande.

Un dilatone più leggero del protone potrebbe avere conseguenze molto interessanti in campo cosmologico e astrofisico. È sufficiente, ad esempio, che la massa del dilatone sia inferiore ad almeno un decimo della massa del protone[14] per far sì che i dilatoni prodotti in epoche remote sopravvivano fino a noi sotto forma di radiazione fossile, distribuita uniformemente a livello cosmico. L'eventuale ri-

---

[13]Si veda ad esempio il lavoro di T. Taylor e G. Veneziano [9].
[14]Se i dilatoni fossero più pesanti allora la loro vita media sarebbe inferiore all'età dell'Universo attuale e quindi, dopo essere stati prodotti, sarebbero già decaduti (producendo fotoni) prima di arivare ai giorni nostri.

velazione di tale fondo ci darebbe informazioni di prima mano sullo stato dell'Universo primordiale e sulle interazioni fondamentali. Sarebbe dunque importante conoscere il valore della massa del dilatone. Purtroppo, però, lo stato di conoscenza attuale della teoria delle stringhe non ci aiuta: anche la massa, infatti, dipende dall'andamento delle correzioni quantistiche nel regime in cui le interazioni dilatoniche sono così intense da non poter applicare le tecniche matematiche che abbiamo a disposizione. La massa del dilatone rimane dunque, per ora, un mistero aperto.

### 2.1.2  "Camaleonti" e gravitoni "grassi"

Come abbiamo già anticipato all'inizio del capitolo, un eventuale risultato anomalo nelle misure della gravità a piccole distanze potrebbe segnalare non tanto la presenza di una nuova forza quanto, piuttosto, nuove proprietà intrinseche dell'interazione gravitazionale. Questa seconda possibilità, che a prima vista sembra più convenzionale e meno innovativa delle precedenti, in realtà porta a scenari ancora più "esotici" di quelli analizzati finora.

Il primo esempio di questa possibilità riguarda il modello della cosiddetta "gravità camaleonte"[15]. In questo modello c'è una particella scalare che contribuisce all'interazione gravitazionale, e la cui massa dipende dalla densità di materia che la circonda: questa massa, in particolare, risulta molto grande vicino ai corpi pesanti, e molto piccola nel vuoto, proprio come un camaleonte che si adatta all'ambiente per mimetizzarsi! Più i corpi sono vicini, infatti, più grande risulta la massa, più corto il raggio d'azione, e più difficile la sua rivelazione sperimentale.

Per potersi comportare in questo modo la particella camaleonte deve avere un'energia propria che risente dell'interazione con i corpi circostanti. Ciò si può ottenere a patto che il camaleonte si accoppi alle altre particelle in un modo complicato (detto "non minimo"), mediante una modifica della geometria spazio-temporale.

Tale accoppiamento assomiglia un pò all'accoppiamento non universale del dilatone di cui parlavamo prima, ma con due importanti differenze. La prima è che l'energia potenziale effettiva del camaleonte ha un andamento molto diverso da quello del dilatone: la seconda

---

[15]Si veda ad esempio il lavoro di J. Khoury e A. Weltman [10].

è che l'accoppiamento del camaleonte deve essere postulato ad hoc, anziché essere dedotto da principi generali di simmetria come nel caso del dilatone.

Se le cose stanno così, perché inventarsi una particella la cui principale caratteristica sembra quella di essere in grado di sfuggire alle verifiche sperimentali? Si direbbe proprio che questa volta i fisici teorici hanno esagerato con la fantasia. Sarebbe infatti così, se non fosse per il rovescio della medaglia, ossia per la proprietà del camaleonte di essere leggerissimo nello spazio vuoto.

La presenza di un campo scalare così leggero da avere un raggio d'azione enorme, che gli consente di contribuire alla forza gravitazionale su scale di distanza cosmologiche, viene infatti considerata oggi quasi inevitabile per spiegare alcune proprietà dell'Universo attuale: in particolare, lo stato di accelerazione cosmica (di cui parleremo nel capitolo 3). D'altra parte, le particelle che interagiscono con intensità gravitazionale e che hanno massa costante devono essere caratterizzate da un corto raggio d'azione (per non contraddire gli esperimenti), e quindi non possono produrre effetti a livello cosmico. Il camaleonte, che ha massa variabile, risolve questo problema.

La massa del camaleonte, oltre a variare nello spazio – piccola a grande distanze, grande a piccole distanze – può variare anche nel tempo. La densità di materia presente a livello cosmico diminuisce infatti col tempo a causa dell'espansione dell'Universo, e con essa diminuisce (in media) l'energia propria e la massa del camaleonte. Il corrispondente raggio d'azione aumenta col tempo, e quando arriverà a superare il raggio di Hubble dell'Universo visibile anche il camaleonte diventerà una particella cosmologica "normale", con la massa insensibile alla densità di materia.

Un effetto gravitazionale forse ancor più strano del camaleonte è quello dei cosiddetti "gravitoni grassi"[16]. In questo caso si fa l'ipotesi che i gravitoni – ossia le particelle che trasmettono l'interazione gravitazionale – non siano puntiformi, ma possano avere un'estensione finita. Lo stato di estensione massima, in particolare, è caratterizzato da gravitoni di "larghezza" $L_g$, piccola ma finita.

Quali sono le motivazioni di questa ipotesi? Principalmente quelle di evitare i problemi formali della teoria gravitazionale associati alla presenza di energie infinite (le cosiddette "divergenze ultravio-

---

[16]Si veda il lavoro di R. Sundrum [11].

lette"). Tali divergenze appaiono inevitabilmente quando si estende al regime quantistico una teoria gravitazionale classica come la relatività generale: si trova infatti che per la gravità – a differenza delle altre interazioni fondamentali – questi infiniti non possono essere eliminati, e la teoria non è consistente[17].

Se i gravitoni sono "magri", o puntiformi, nei processi di interazione elementari con le altre particelle possono avvicinarsi a distanze sempre più piccole e scambiare energie sempre più elevate, che tendono all'infinito quando le distanze tendono a zero[18]. Se i gravitoni sono "grassi", invece, possono avvicinarsi al massimo fino a distanze dell'ordine di $L_g$, e quindi possono trasmettere con le loro interazioni un'energia massima dell'ordine di $E_g = 1/L_g$.

Questo nuovo limite superiore (o, come si usa dire, "taglio ultravioletto") dell'energia gravitazionale, introdotto dalla "circonferenza" dei gravitoni, determina anche il contributo quantistico alla densità d'energia gravitazionale del vuoto, ossia produce una costante cosmologica effettiva $\Lambda_g$ che è data da $\Lambda_g = E_g/L_g^3 = 1/L_g^4$, e che è quindi completamente controllata dalla nuova scala di lunghezza $L_g$. Tale costante dovrebbe sostituire, a tutti gli effetti, quella basata sulla lunghezza di Planck $L_P$, che è data da $\Lambda_P = 1/L_P^4$, e che viene introdotta ad hoc per evitare le energie infinite nei modelli di gravità quantistica basati su gravitoni puntiformi (si veda il paragrafo 3.3).

Poiché la lunghezza di Planck è piccolissima (abbiamo già visto che $L_P \sim 10^{-33}$ cm), la corrispondente costante cosmologica $\Lambda_P$ è enorme: se chiamiamo "massa di Planck" $M_P$ l'inverso della lunghezza di Planck otteniamo infatti $\Lambda_P = M_P^4$, con $M_P$ che vale circa $10^{19}$ GeV, ossia dieci miliardi di miliardi di volte la massa del protone. Tale risultato – come discuteremo nel capitolo 3 – è inaccettabile, e in completo disaccordo con le osservazioni. La costante cosmologica $\Lambda_g = 1/L_g^4$, proposta dal modello dei gravitoni grassi, potrebbe essere invece molto più piccola se $L_g$ fosse molto maggiore della lunghezza di Planck. La domanda che dobbiamo porci, allora, è la seguente: che valore può (o deve) avere la scala di lunghezza $L_g$?

---

[17]Per le altre interazioni gli infiniti che appaiono nel regime quantistico possono essere eliminati grazie alla cosiddetta procedura di "rinormalizzazione". Nel caso della relatività generale tale procedura non funziona.

[18]Infatti, come già ricordato nel capitolo 1, il principio di Heisenberg ci dice che in un contesto quantistico le variazioni di energia sono inversamente proporzionali alle distanze coinvolte.

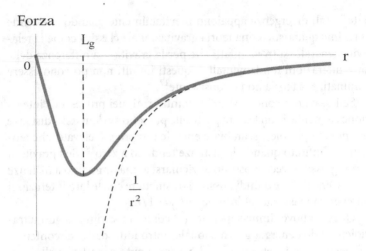

Fig. 2.1    Nel modello dei gravitino estesi, al di sotto della distanza critica $r = L_g$ la forza gravitazionale devia dall'andamento previsto dalla legge di Newton (rappresentato dalla curva tratteggiata), e tende a zero. La forza risulta comunque sempre negativa, perché resta di tipo attrattivo

È a questo punto che entrano in gioco gli esperimenti gravitazionali a piccole distanze. L'ipotesi dei gravitoni estesi, infatti, implica che la forza classica di Newton venga modificata non appena la distanza tra due corpi scende al di sotto del valore critico $L_g$. La forza, in particolare, deve andare a zero quando la distanza va a zero, anziché seguire l'andamento dell'inverso del quadrato della distanza (si veda la Fig. 2.1). Una violazione così evidente della legge di Netwon dovrebbe essere rivelata dagli esperimenti, *a meno che* la lunghezza $L_g$ non risulti *inferiore* alle scale di distanza accessibili alle osservazioni dirette (che, come abbiamo più volte ripetuto, sono attualmente limitate a circa $10^{-2}$ cm). Poiché l'effetto non si osserva, dobbiamo concludere che $L_g \le 10^{-2}$ cm.

Questo risultato è comunque interessante, perché lascia aperto un piccolo spiraglio a una eccitante possibilità. Se il valore di $L_g$ fosse appena al di sotto dell'attuale limite sperimentale, ovvero – più precisamente – se $L_g$ fosse dell'ordine di una ventina di *micron*, pari a $2 \times 10^{-3}$ cm, allora la corrispondente costante cosmologica sarebbe $\Lambda_g = 1/L_g^4 \sim (10^{-2}\text{eV})^4$, ossia esattamente dell'ordine di grandezza della costante cosmologica attualmente osservata!

È dunque possibile, in principio, che la dinamica del nostro Universo su grandi scale di distanza sia determinata dalle proprietà microscopiche dell'interazione gravitazionale, in particolare dalla "circonferenza" dei gravitoni. Sarà effettivamente così? Il modello dei gravitoni grassi può essere verificato – o contraddetto – da misure della forza gravitazionale a piccole distanze. Saranno dunque gli esperimenti futuri a darci una risposta.

## 2.2 Nuove dimensioni dello spazio?

Vi siete mai chiesti perché, nella legge dell'inverso del quadrato della distanza, compare proprio la potenza "al quadrato"? Perché la forza gravitazionale di Newton non è caratterizzata da un altro numero (diverso da due) nell'esponente della distanza?

Può sembrare una domanda senza senso. La risposta, invece è istruttiva. La forza di Newton soddisfa l'equazione di Poisson, che collega la forza alla densità di massa presente. Se immaginiamo un volume di spazio delimitato da una sfera di raggio $r$ arbitrario – e applichiamo un famoso teorema matematico, il teorema di Gauss – l'equazione di Poisson ci dice che la forza gravitazionale moltiplicata per la superficie della sfera, $2\pi r^2$, risulta proporzionale alla massa totale contenuta dentro quella sfera. Dividendo questo risultato per la superficie troviamo allora immediatamente una forza che è proporzionale alla massa e inversamente proporzionale alla distanza al quadrato.

L'equazione di Poisson e il teorema di Gauss sono validi in spazi con un arbitrario numero di dimensioni. Il ragionamento precedente potrebbe essere perciò ripetuto, in modo identico, immaginando di vivere in un mondo in cui il numero di dimensioni spaziali è maggiore di tre. Supponiamo, ad esempio, che ci siano $N$ dimensioni: il risultato del ragionamento sarebbe simile al precedente, ma con un'importante differenza.

Per racchiudere una porzione di spazio tridimensionale bisogna usare una superficie chiusa (ad esempio una sfera) a due dimensioni. Per racchiudere una porzione di spazio $N$-dimensionale bisogna invece usare una superficie sferica che ha non 2, bensì $N - 1$ dimensioni! L'area della sfera è proporzionale a $r^2$, l'area di questa superficie $(N - 1)$-dimensionale – detta "ipersuperficie" – è proporzionale a $r^{N-1}$. Dividendo per l'area si trova allora che la forza gravitazionale è proporzionale alla massa e inversamente proporzionale non al quadrato, bensì alla potenza $N - 1$ della distanza.

Il fatto che la forza di gravità dipenda dall'inverso del quadrato della distanza è dunque strettamente collegato al fatto che lo spazio in cui viviamo è tridimensionale. La stessa conclusione vale anche per la forza di Coulomb, che descrive l'attrazione (o la repulsione) tra le cariche elettriche statiche, in perfetta analogia con la forza di Newton.

Questo risultato sul numero delle dimensioni spaziali da un lato non ci sorprende, ma dall'altro lato complica il lavoro dei fisici teorici. Ci sono due cose, infatti, che facilitano la formulazione di un modello unificato che includa tutte le interazioni fondamentali: una è la supersimmetria (che abbiamo già incontrato nei paragrafi precedenti), l'altra è uno spazio con più di tre dimensioni.

L'idea di usare delle dimensioni spaziali aggiuntive come ingrediente di una teoria unificata è nata circa un secolo fa, con i lavori di Kaluza e Klein [12]. In questi lavori si mostrava come la relatività generale, formulata con una dimensione spaziale in più, poteva essere interpretata – sotto opportune condizioni – come un modello teorico contenente non solo le equazioni della gravità ma anche quelle dell'elettromagnetismo, espresse entrambe nell'ordinario spazio tridimensionale. L'idea delle dimensioni aggiuntive, opportunamente generalizzata, ha poi ottenuto una definitiva consacrazione (dagli anni '80 in poi) con la teoria delle stringhe. Per questa teoria, infatti, le dimensioni aggiuntive non sono facoltative ma addirittura indispensabili, come vedremo in seguito, per ottenere dei modelli che risultino fisicamente e formalmente consistenti.

Se vogliamo prendere sul serio gli schemi teorici con più di tre dimensioni spaziali, però, dobbiamo poter rispondere a una semplice – quanto cruciale – domanda: perché lo spazio in cui viviamo sembra essere tridimensionale? che fine hanno fatto le altre dimensioni, se esistono?

Ci sono due possibili tipi di risposta a questa domanda.

La prima risposta è che finora abbiamo visto solo tre dimensioni spaziali perché le altre sono estremamente piccole e "arrotolate" su se stesse (o, come si usa dire nel linguaggio matematico, sono "compattificate"). Per vederle "srotolate" bisognerebbe effettuare esperimenti con energie così elevate da risultare fuori dalla portata dell'attuale tecnologia[19].

La seconda possibile risposta è che non vediamo le dimensioni aggiuntive (anche chiamate dimensioni *"extra"*) non perché siano meno estese delle altre, ma semplicemente perché le forze della Natura che usiamo come strumenti per sondare lo spazio in cui siamo immersi, e per interagire con il mondo che ci circonda, si propagano solo lungo tre dimensioni. Le dimensioni *extra* esistono ma sfuggono alla nostra diretta esperienza sensoriale (e sperimentale), così come un fenomeno fisico che si verifica al di fuori della limitata banda di ricettività dei nostri sensi (o dei nostri strumenti tecnologici).

La presenza di dimensioni aggiuntive, siano esse compatte oppure impenetrabili, è comunque in grado di produrre modifiche nella forza gravitazionale a piccole distanze, come vedremo nei paragrafi successivi. Tali modifiche potrebbero fornirci, indirettamente, indicazioni anche su quelle dimensioni spaziali che risultano altrimenti inaccessibili all'osservazione diretta.

## 2.3 Lo scenario compatto

Cominciamo con il caso in cui ci siano dimensioni *extra* che hanno assunto una "forma" molto piccola e compatta. Vedremo in seguito come ciò si possa realizzare grazie a uno speciale meccanismo chiamato "compattificazione spontanea".

Per visualizzare una situazione geometrica che include dimensioni compatte possiamo immaginare un oggetto cilindrico molto lungo e sottile (si veda la Fig. 2.2). La sua superficie è uno spazio bidimensionale, e una delle due dimensioni (quella orientata lungo l'asse del cilindro) si può estendere senza limiti di lunghezza; l'altra, invece, è arrotolata su se stessa formando una figura compatta (un cerchio di raggio finito). Se il raggio è sufficientemente piccolo, e il cilindro viene osservato da lontano, l'oggetto appare unidimensionale a tutti gli effetti. Pensiamo per esempio a un capello: a occhio nudo sembra

---

[19]La ricerca delle dimensioni spaziali aggiuntive è uno dei principali obiettivi dell'acceleratore LHC operante al CERN di Ginevra. Al momento in cui scrivo (marzo 2013) nessun risultato positivo è ancora stato ottenuto. Una definitiva assenza di segnali implicherebbe che le dimensioni aggiuntive, se esistono, diventano visibili solo impiegando energie superiori a quelle massime sviluppate da LHC (circa 14 TeV).

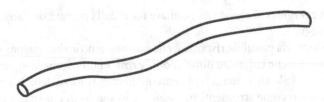

Fig. 2.2    Un esempio del modello di Kaluza-Klein per uno spazio bidimensionale con una dimensione compatta. Un cilindro molto lungo, di diametro molto piccolo, osservato da lontano può sembrare un oggetto unidimensionale senza spessore, esteso solo in lunghezza

estendersi solo in lunghezza, e ci serve un microscopio per poterne apprezzare lo spessore trasversale.

Il nostro Universo, secondo il modello di Kaluza-Klein, potrebbe avere una struttura geometrica simile. Potrebbe avere tre dimensioni spaziali che si estendono senza limiti (come la lunghezza del cilindro precedente), più altre dimensioni che sono invece piccole e compatte. Lungo queste dimensioni extra ci si può muovere solo in circolo, ritornando sempre al punto di partenza dopo un percorso cortissimo. Se non abbiamo a disposizione uno strumento abbastanza potente, capace di risolvere (direttamente o indirettamente) distanze dell'ordine del raggio delle dimensioni compatte, saremo in grado di osservare solo le tre dimensioni che risultano estese.

Lo scopo delle dimensioni *extra*, come abbiamo già sottolineato, è quello di permettere una rappresentazione geometrica di tutte le interazioni fondamentali per poterle descrivere, insieme alla gravità, mediante un'unica teoria unificata. A questo scopo, quali altre proprietà (oltre alla compattezza) devono soddisfare le dimensioni *extra*?

Cominciamo dal caso più semplice in cui lo spazio ha una sola dimensione aggiuntiva, che chiameremo "la quinta dimensione" (includendo nel conto, oltre alle tre dimensioni spaziali, anche quella temporale). L'idea originale di Kaluza-Klein è quella di interpretare il campo gravitazionale presente lungo la quinta dimensione come il campo elettromagnetico dello spazio ordinario. Questo obiettivo impone sul modello un importante vincolo geometrico: le proprietà di simmetria del campo elettromagnetico – tra cui, in particolare, la cosiddetta "invarianza di *gauge*"[20] – devono trovare un corrispondente

---

[20]La simmetria di *gauge* è una proprietà grazie alla quale i campi elettrici e magnetici rimangono invariati rispetto a opportune trasformazioni del potenziale elettromagnetico.

analogo in opportune proprietà di simmetria – dette "isometrie" – della geometria multidimensionale che stiamo considerando.

Nell'approccio adottato da Kaluza e Klein questo requisito viene soddisfatto assumendo che lo spazio abbia una struttura geometrica di tipo "fattorizzabile", ossia che lo spazio totale si possa rappresentare come il prodotto di due spazi: l'ordinario spazio tridimensionale, infinitamente esteso, e uno spazio unidimensionale compatto, di raggio (molto piccolo) $L_c$. Questo implica, in particolare, che tutte le variabili presenti nel modello – e quindi, anche quelle che descrivono il campo gravitazionale – si possano scrivere come il prodotto di due funzioni: una che dipende solo dalle tre coordinate dello spazio ordinario, e l'altra che dipende solo dalla quinta dimensione (e che è una funzione di tipo periodico, perché la quinta dimensione è simile a un cerchio).

Con questo tipo di struttura geometrica, ogni modello che descrive interazioni puramente gravitazionali (ad esempio, la teoria della relatività generale), espresso in uno spazio con una dimensione in più, si separa automaticamente in due parti distinte: una che descrive le interazioni gravitazionali nell'ordinario spazio tridimensionale, e l'altra che descrive – sempre nello stesso spazio – le interazioni elettromagnetiche tra le cariche. Si raggiunge così pienamente l'obiettivo di descrivere le due interazioni in modo geometrico e unificato.

L'aspetto forse più interessante di questo – ben congegnato – schema unificato, però, è il fatto che le forze elettromagnetiche e gravitazionali previste da questo modello non sono esattamente le stesse di quelle previste, separatamente, dalle ordinarie teorie di queste due interazioni. Le differenze, che emergono nel regime di piccole distanze e/o alte energie, sono di due tipi.

### 2.3.1 Le "torri" di Kaluza-Klein e il radione

Una prima differenza è dovuta al fatto che tutte le particelle presenti nel modello di Kaluza-Klein – e quindi, in particolare, il gravitone e il fotone – sono accompagnate da una serie infinita di *partners* rappresentati da particelle massive e molto pesanti. L'insieme di queste particelle, che hanno uno spettro di massa crescente, a gradini discreti ed equispaziati, viene chiamato "torre" di Kaluza-Klein.

La massa di queste nuove particelle è dovuta alla presenza della dimensione compatta, cresce in modo proporzionale ai numeri interi positivi $(1, 2, 3, \ldots)$, ed è inversamente proporzionale al raggio di compattificazione $L_c$ (si veda la Fig. 2.3). Poiché $L_c$ è molto piccolo, la massa di queste particelle è molto grande, e quindi il raggio d'azione delle nuove forze associate a queste particelle è molto piccolo. In pratica, le correzioni indotte sulle ordinarie forze elettromagnetiche e gravitazionali diventano importanti solo per distanze dell'ordine di $L_c$.

La domanda che sorge spontanea, a questo punto, è la seguente: che valore ha $L_c$?

Non lo sappiamo, purtroppo, perché il modello di Kaluza-Klein permette valori arbitrari per questo parametro. Sappiamo però che $L_c$, per come è definito, controlla il rapporto tra l'intensità della forza gravitazionale nello spazio a quattro dimensioni di Kaluza-Klein e l'intensità corrispondente nello spazio tridimensionale ordinario. Se queste due intensità sono uguali allora $L_c$ deve essere dello stesso ordine della lunghezza di Planck, $L_c \simeq L_P \sim 10^{-33}$ cm. Invece, se la forza dello spazio multidimensionale è più intensa dell'altra, allora $L_c$ può risultare maggiore di $L_P$.

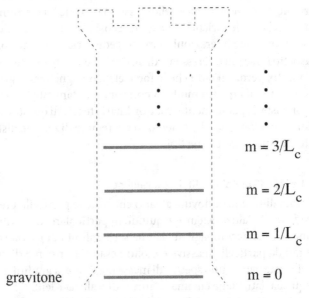

Fig. 2.3 Un esempio di torre di Kaluza-Klein: alla base c'è il gravitone con massa nulla, ai piani superiori la serie infinita dei suoi *partners* massivi, con masse che dipendono dal raggio di compattificazione $L_c$

In ogni caso, il valore di $L_c$ deve essere abbastanza piccolo da non produrre alcun effetto in tutti gli esperimenti che finora sono stati effettuati. Questo vale sia per le misure dirette della forza gravitazionale (che attualmente esplorano distanze fino al centesimo di centimetro), sia per gli esperimenti di collisione di particelle ad alta energia (che nell'acceleratore LHC del CERN possono essere sensibili a distanze dell'ordine dei $10^{-16}$ centimetri).

Una seconda, interessante differenza tra il modello di Kaluza-Klein e l'ordinaria teoria gravitazionale ed elettromagnetica è dovuta alla possibile distorsione e variazione (nello spazio e nel tempo) della geometria della quinta dimensione. Questo effetto, tipico dell'interazione tra campi gravitazionali e geometria, induce delle fluttuazioni nel raggio effettivo di compattificazione, e tali fluttuazioni – se non vengono opportunamente stabilizzate – sono rappresentate da una particella scalare chiamata "radione".

Il modello di Kaluza-Klein contiene dunque una nuova particella, il radione, che ha proprietà fisiche molto simili a quelle del dilatone – già incontrato precedentemente – ma una diversa origine geometrica. Il radione, in particolare, si accoppia direttamente al campo elettromagnetico, e quindi dovrebbe produrre forze gravitazionali diverse su corpi che hanno una diversa struttura elettromagnetica interna, ossia una diversa composizione chimica.

L'effetto risultante è una forte violazione del principio di equivalenza che sarebbe osservabile se la massa del radione fosse nulla, come prevede la versione più semplice del modello di Kaluza-Klein. Il modello va dunque vincolato in modo da stabilizzare le fluttuazioni del raggio di compattificazione (eliminando così il radione), oppure va generalizzato in modo da fornire massa al radione, e renderlo sufficientemente pesante.

### 2.3.2 La compattificazione "spontanea"

Aggiungere una sola dimensione *extra* poteva essere sufficiente ai tempi di Kaluza e Klein, quando l'unica interazione da "geometrizzare", per includerla in uno schema unificato, era quella elettromagnetica. Oggi non sarebbe più sufficiente perché sappiamo che ci sono anche altre interazioni fondamentali (le forze nucleari deboli e forti), e avremmo bisogno di aggiungere altre dimensioni compatte. Potremmo quindi pensare di generalizzare il modello originale di

Kaluza-Klein sostituendo la quinta dimensione con uno spazio multidimensionale compatto. Procedendo in questo modo, però, si incontra un problema. Le proprietà geometriche delle dimensioni *extra*, infatti, devono rispecchiare le proprietà di simmetria delle varie interazioni. Per la quinta dimensione, ad esempio, abbiamo scelto una geometria compatibile con l'invarianza di *gauge* Abeliana del campo elettromagnetico. Le nuove interazioni da aggiungere sono caratterizzate da un'invarianza di *gauge* più complicata, di tipo non-Abeliano. La geometria del nuovo spazio multidimensionale deve essere quindi caratterizata da simmetrie non-Abeliane[21].

Possiamo certamente costruire spazi multidimensionali molto piccoli e compatti la cui geometria ammette isometrie – ossia trasformazioni di simmetria – di tipo non-Abeliano: purtroppo, però, anche la geometria dello spazio tridimensionale ordinario diventa allora estremamente curva e distorta! Non è possibile, in questo caso, riprodurre una configurazione geometrica "realistica" che assomigli al mondo in cui viviamo, ovvero un mondo con tre dimensioni spaziali molto estese e piatte.

La configurazione che vorremmo realizzare, con tre dimensioni piatte e tutte le altre "raggomitolate" in uno spazio piccolo e compatto, è compatibile unicamente con una geometria che ha la "curvatura di Ricci" uguale a zero, e questa condizione, a sua volta, consente simmetrie di tipo esclusivamente Abeliano. Questo significa che le interazioni nucleari forti e deboli non possono essere inglobate nelle dimensioni *extra*, ma devono essere aggiunte al modello multidimensionale in modo non-geometrico.

Questo risultato da una parte rovina la semplicità e l'eleganza dell'idea originale di Kaluza-Klein, che era quella di descrivere tutte le interazioni mediante una teoria puramente gravitazionale formulata in uno spazio con molte dimensioni. D'altra parte, però, l'introduzione di ulteriori campi, eventualmente associati alle interazioni non-Abeliane, fornisce un meccanismo per spiegare "perché" le dimensioni *extra* non sono estese come le altre tre dimensioni che conosciamo: il meccanismo di "compattificazione spontanea".

---

[21] Due (o più) trasformazioni sono dette Abeliane se portano allo stesso risultato indipendentemente dall'ordine con cui vengono eseguite. In caso contrario sono dette "non-Abeliane".

Il meccanismo si innesca quando il modello contiene campi aggiuntivi, non geometrici, che hanno la stessa struttura fattorizzata della geometria multidimensionale che vogliamo ottenere. Ovvero, che hanno una densità d'energia - o, più in generale, un "tensore energia-impulso" – che si separa in due parti distinte: una parte dipende solo dalle tre dimensioni ordinarie, e una parte dipende solo dalle altre dimensioni compatte, indipendentemente dal loro numero, e senza mescolamenti reciproci.

Una configurazione di questo tipo può essere realizzata, ad esempio, dai campi che descrivono le interazioni non-Abeliane, ma anche da altri tipi di oggetti come i tensori antisimmetrici, i monopoli, e così via. La geometria, d'altra parte, è rigidamente vincolata dalle equazioni di Einstein che le impongono – anche in spazi multidimensionali – di accordarsi alla distribuzione dei campi materiali presenti nel modello. Sono dunque i campi materiali che prescrivono ad alcune dimensioni di essere compatte (oppure no), e che fissano l'eventuale raggio di compattificazione. "Spontaneamente" o no, tutte le dimensioni dello spazio devono adeguarsi a questo meccanismo.

Concludiamo questo paragrafo con un'importante osservazione che riguarda la possibile estensione del volume dello spazio compatto *extra*-dimensionale.

In presenza di uno spazio compatto con $n$ dimensioni, è il volume di compattificazione $L_c^n$ – anziché il raggio di compattificazione $L_c$ – che fissa il rapporto tra l'intensità della forza gravitazionale nello spazio multidimensionale e la forza risultante nello spazio ordinario a tre dimensioni. Consideriamo infatti lo spazio-tempo totale caratterizzato da $D = 4 + n$ dimensioni, e chiamiamo $G_D$ la costante gravitazionale del corrispondente spazio multi-dimensionale: risulta allora che $G_D$ è data dalla ordinaria costante di Newton $G$ moltiplicata per il volume di compattificazione $L_c^n$.

Così come la costante di Newton è definita dalla lunghezza di Planck al quadrato, $G = L_P^2$, possiamo introdurre una nuova lunghezza $L_D$, tipica dello spazio multidimensionale, tale che $G_D = L_D^{2+n}$. Se la forza gravitazionale ha sempre la stessa intensità in qualunque numero di dimensioni, ossia se anche $L_D$ coincide con la scala di Planck $L_P$, ne consegue che il volume delle dimensioni compatte deve avere un raggio medio che è anch'esso dell'ordine della lunghezza di Planck, $L_c \simeq L_P$ (e quindi un'estensione estremamente piccola, completamente fuori portata per la tecnologia attuale). Però, se la forza dello spazio multidimensionale fosse più intensa, allora potremmo avere un volume più esteso.

Ribaltando questo argomento, possiamo usare gli attuali limiti sperimentali sull'estensione delle dimensioni compatte per ottenere informazioni sul numero $n$ di tali dimensioni e sull'intensità della forza gravitazionale *extra*-dimensionale[22].

Sappiamo, ad esempio, che il raggio medio di compattificazione $L_c$ deve essere inferiore a circa $10^{-2}$ cm per non contraddire le misure dirette della forza di gravità finora effettuate. È possibile, senza violare questo vincolo, che la gravità dello spazio multidimensionale sia così intensa da produrre effetti rivelabili almeno dai più potenti acceleratori disponibili?

Lo strumento attualmente più potente è l'acceleratore LHC del CERN che – come già sottolineato – può raggiungere energie dell'ordine del Tev. Per essere alla portata di LHC, la gravità multidimensionale dovrebbe dunque avere un'intensità $G_D$ caratterizzata dalla scala d'energia $1/L_D$ che è dell'ordine del Tev (anziché dell'ordine dell'energia di Planck che caratterizza l'intensità gravitazionale nello spazio tridimensionale ordinario). Se usiamo la relazione che collega le due intensità e il volume dello spazio compatto, e imponiamo il precedente vincolo sperimentale sul raggio medio, troviamo allora che la gravità multidimensionale potrebbe essere abbastanza intensa da produrre effetti visibili da LHC purché ci siano almeno due (o più) dimensioni *extra*.

Dobbiamo anche tener presente, però, che finora non c'è traccia di dimensioni *extra* neanche negli esperimenti di collisioni di particelle ad alta energia, almeno fino a distanze dell'ordine dei $10^{-15}$ cm. Per soddisfare questo nuovo vincolo sul raggio medio di compattificazione, e mantenere aperta la possibilità del TeV come scala d'energia della gravità multidimensionale, bisogna assumere che il numero $n$ di dimensioni *extra* sia sufficientemente elevato, superiore (o almeno pari) a $n = 15$. In alternativa, la scala d'energia della gravità multidimensionale deve essere superiore al TeV, e quindi, purtroppo, invisibile per LHC.

---

[22] Si veda ad esempio il lavoro di N. Arkani Hamed, S. Dimopoulos e G. R. Dvali [13], e quello di I. Antoniadis [14].

Per fortuna, c'è la possibilità di evadere queste conclusioni abbastanza negative se ci basiamo sullo scenario multidimensionale "a membrana", che illustreremo nel paragrafo seguente.

## 2.4 Lo scenario delle membrane

Una seconda possibilità di rendere sperimentalmente "invisibili" le dimensioni *extra*, evitando il ricorso a volumi piccoli e compatti, sfrutta l'idea che le interazioni fondamentali si propaghino unicamente – o almeno principalmente – lungo tre sole dimensioni spaziali.

Infatti, gli strumenti con cui esploriamo lo spazio che ci circonda – dai nostri occhi ai mezzi tecnologici più potenti e raffinati – funzionano tutti sulla base delle interazioni naturali. Se queste interazioni sfruttano solo alcune delle dimensioni disponibili (come onde che si propagano sulla superficie di uno specchio d'acqua, e mai in direzione perpendicolare a essa), le altre dimensioni restano nascoste a tutti gli effetti. La nostra esperienza fisica potrebbe essere confinata, in questo modo, su una "fetta" tridimensionale dell'intero spazio. Tale fetta – detta "3-brana", ossia membrana a tre dimensioni – rappresenterebbe in pratica la porzione di spazio direttamente accessibile all'esplorazione diretta.

L'idea è suggestiva, ma – come tutte le altre idee usate in fisica – può essere presa scientificamente in considerazione solo se motivata e formulata nel contesto di uno schema teorico completo e quantitativo. Nel nostro caso, il modello di spazio tridimensionale "a membrana", immerso in uno spazio esterno multidimensionale, è in effetti suggerito (e reso possibile) dalla teoria delle stringhe.

Le stringhe, infatti, sono oggetti elementari *non puntiformi*, dotati di estensione intrinseca lungo una dimensione spaziale (possiamo immaginarle come cordicelle molto piccole e infinitamente sottili). Per descrivere il moto di una stringa in modo matematicamente completo e consistente dobbiamo quindi specificare non solo la sua posizione iniziale, ma fornire anche le cosiddette "condizioni al contorno", che ci danno informazioni sulla posizione e sulla eventuale velocità dei suoi due estremi.

Ci sono due possibili tipi di condizioni al contorno. Le condizioni di Neumann, che permettono agli estremi della stringa di muoversi (in modo tale, però, che l'energia cinetica non abbandoni la stringa fluendo verso l'esterno attraverso le sue estremità). E le condizioni di Dirichlet, che impongono invece agli estremi di restare fissi.

Le condizioni al contorno per gli estremi della stringa vanno specificate lungo tutte le dimensioni spaziali, ma non devono essere necessariamente tutte dello stesso tipo. In uno spazio a tre dimensioni, ad esempio, possiamo imporre la condizione di Neumann lungo le due dimensioni corrispondenti alle due coordinate $x$ e $y$, e la condizione di Dirichlet (ossia, estremi fissi) lungo la terza dimensione specificata dalla coordinata $z$.

Avremo allora una stringa i cui estremi possono assumere qualunque posizione lungo gli assi $x$ e $y$, ma hanno sempre la stessa posizione ($z =$ costante) lungo l'asse $z$. Il risultato (illustrato in Fig. 2.4) è che gli estremi della stringa rimangono confinati su una fetta di spazio detta "membrana di Dirichlet" (o, più sinteticamente, "$D$-brana") che nel caso considerato è una semplice superficie bidimensionale, corrispondente al piano Euclideo $\{x, y\}$ posizionato a $z =$ costante.

Come vedremo meglio in seguito, lo spazio in cui si muove una stringa deve avere più di tre dimensioni affinché il modello risulti fisicamente e formalmente consistente. In questo contesto possiamo imporre la condizione al contorno di Neumann (estremi mobili) lun-

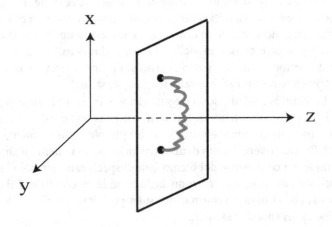

**Fig. 2.4** Un esempio di membrana di Dirichlet a due dimensioni. Gli estremi della stringa si possono muovere liberamente sulla membrana (che in questo caso si identifica con il piano $\{x, y\}$), ma restano sempre allo stesso valore di $z$ fissato

go tre dimensioni spaziali, e la condizione di Dirichlet (estremi fissi) lungo tutte le altre dimensioni esistenti. Il risultato sarà simile al precedente, con la differenza che gli estremi della stringa saranno ora localizzati su una membrana di Dirichlet a tre dimensioni, che si può interpretare come il corrispondente dello spazio tridimensionale ordinario.

Arrivati a questo punto possiamo finalmente spiegare perché (e in che modo) la teoria delle stringhe permette di confinare le interazioni in tre dimensioni spaziali.

Nei modelli di stringa che unificano tutte le interazioni fondamentali, infatti, le cariche che fanno da sorgenti ai campi di *gauge* (siano essi Abeliani o non-Abeliani) sono posizionate proprio alle estremità delle stringhe aperte. Se le estremità sono confinate sulla membrana allora anche le cariche risultano confinate, e si può ottenere così un modello in cui le corrispondenti interazioni (Abeliane e non-Abeliane) si propagano solo lungo lo spazio tridimensionale delle membrane.

C'è un tipo di interazione, però, che può fare eccezione a questa regola: l'interazione gravitazionale. Perché proprio la gravità?

Il motivo è semplice: la gravità ha come sorgente l'energia totale (che non è un tipo di carica) e quindi, nei modelli basati sulle stringhe, la forza di gravità non è descritta da stringhe aperte ma da stringhe chiuse (cordicelle chiuse ad anello, come un piccolo elastico infinitamente sottile). Le stringhe chiuse soddisfano automaticamente le condizioni al contorno, non ci sono estremi liberi ai quali applicare le condizioni di Neumann o di Dirichlet, e dunque possono propagarsi liberamente lungo tutte le direzioni dello spazio multidimensionale.

Stando così le cose sembrerebbe che il modello di spazio a membrana sia immediatamente da scartare, perché in evidente contrasto con l'osservazione sperimentale diretta: abbiamo visto, infatti, che in uno spazio multidimensionale la forza di gravità non varia come l'inverso della distanza elevata al quadrato, ma come l'inverso della distanza elevata a una diversa potenza (pari al numero totale di dimensioni meno una). Se vogliamo salvare il modello dobbiamo trovare il modo di non contraddire i risultati sperimentali sulla forza di gravità a distanze macroscopiche.

Una prima (e ovvia) soluzione è offerta dall'ipotesi che le dimensioni esterne alla membrana tridimensionale siano tutte piccole e compatte, esattamente come le dimensioni *extra* dei modelli di Kaluza-Klein discussi in precedenza. C'è però un'altra, interessante possibilità, basata sul fatto che la particolare geometria del modello a membrana è in grado di produrre un confinamento effettivo anche per l'interazione gravitazionale. Tale confinamento, come vedremo, è solo parziale, ma può rendere il modello compatibile con la presenza delle dimensioni *extra* anche se sono arbitrariamente estese.

### 2.4.1 Il confinamento geometrico della gravità

Una membrana tridimensionale, infatti, possiede un'energia intrinseca che tende a distorcere (per le leggi della relatività generale) lo spazio esterno circostante. Lo spazio della membrana può restare piatto, a patto che lo spazio esterno sia curvo e – perlomeno nel caso più semplice, il modello di Randall-Sundrum[23] – caratterizzato da una particolare geometria, detta di anti-de Sitter.

Come conseguenza di questa geometria, la forza gravitazionale prodotta dalle masse posizionate sulla membrana si separa in varie componenti: una componente a lungo raggio, trasmessa dall'ordinario gravitone con massa nulla; e infinite componenti a corto raggio, trasmesse da gravitoni con massa diversa da zero, crescente (in modo continuo) da un valore minimo fino all'infinito. La situazione ricorda da vicino la torre di particelle di Kaluza-Klein: anche in quel caso il gravitone ha una serie infinita di *partners* massivi, che tendono a modificare la forza gravitazionale effettiva. Ci sono, però, varie importanti differenze.

La prima (e forse più importante) differenza è che solo le particelle massive si possono propagare attraverso le dimensioni *extra*. La componente a massa nulla rimane "intrappolata" sulla membrana, prigioniera di un pozzo senza fondo (in pratica, una buca di potenziale infinitamente stretta e profonda), dal quale non si può evadere neanche mediante effetti quantistici. La forza gravitazionale a lungo raggio rimane dunque rigidamente confinata nello spazio tridimensionale della membrana, e assume esattamente la forma Newtoniana prevista.

Un'altra differenza riguarda le forze a corto raggio (quelle che possono sfuggire al meccanismo di confinamento geometrico, ed agire

---

[23] Si veda il lavoro di L. Randall e R. Sundrum [15].

anche lungo le dimensioni *extra*). L'intensità delle forze trasmesse dai gravitoni massivi, infatti, non è universale, ma dipende dalla massa del gravitone stesso: a bassa energia, in particolare, tende a crescere con la massa del gravitone. Inoltre, la massa dei gravitoni varia in modo continuo (anziché discreto, come nel caso di Kaluza-Klein).

Ciononostante, è possibile valutare il contributo di tutte queste nuove componenti gravitazionali (perlomeno nell'approssimazione in cui le interazioni sono sufficientemente deboli), e calcolare le correzioni da aggiungere alla forza di Newton. Nel semplice caso particolare di una sola dimensione *extra*, ad esempio, si trova che l'effetto totale dei gravitoni massivi è descritto da una forza che va come l'inverso della distanza alla quarta potenza, e che raggiunge l'ordinaria intensità gravitazionale quando la distanza è dell'ordine del raggio di curvatura dello spazio esterno alla membrana. Per distanze maggiori, l'intensità di questa correzione diventa rapidamente trascurabile.

Questo risultato è interessante (e diverso dai precedenti risultati per i modelli di Kaluza-Klein) perché le correzioni alla forza di Newton sono controllate dal *raggio di curvatura* (e non dal raggio di compattificazione) delle dimensioni *extra*. Ossia, dalle loro proprietà geometriche locali, e non dalla loro forma globale, o dallo loro possibile estensione. Ne consegue, in particolare, che se le dimensioni esterne sono sufficientemente curve (con un raggio di curvatura non superiore ai $10^{-2}$ cm), allora possono essere (almeno in principio) anche arbitrariamente estese, senza contraddire le attuali evidenze sperimentali.

Sarà effettivamente così? Ovvero, stiamo realmente vivendo in un mondo tridimensionale immerso, come una membrana, in uno spazio esterno con più di tre dimensioni?

Secondo il modello di spazio a membrana, suggerito dalla teoria delle stringhe e presentato in questo paragrafo, potrebbero essere le future misure della forza di gravità – sempre più precise, a distanze sempre più piccole – a darci una risposta convincente.

# 3. Gravità a grandi distanze

Abbiamo visto, nel capitolo precedente, che a piccole distanze possiamo aspettarci varie modifiche nell'andamento delle forze gravitazionali. Tali modifiche possono attribuirsi all'ingresso nel regime microscopico governato da leggi quantistiche, o anche alla presenza di dimensioni *extra* che inducono forze aggiuntive a corto raggio. Nessuna di queste modifiche, però, è stata finora confermata sperimentalmente.

Nel limite apposto di grandi distanze gli effetti precedenti scompaiono, sia perché le forze a corto raggio diventano trascurabili, sia perché, a grandi distanze, ci aspettiamo di restare nell'ambito di validità della teoria gravitazionale classica (ben descritta dalle leggi di Newton, e dal loro completamento relativistico fornito dalle equazioni di Einstein). Saremmo tentati di dire, perciò, che non dovrebbero esserci sorprese. A grandi distanze, invece, alcuni sorprendenti effetti gravitazionali sono già stati osservati sperimentalmente! e siamo ancora alla ricerca di una loro spiegazione pienamente soddisfacente e definitiva.

Mi sto riferendo, in particolare, a due effetti ben noti dell'astrofisica e della cosmologia. Il primo effetto, scoperto più di quarant'anni fa[1], riguarda un'anomalia nel campo gravitazionale di (quasi) tutte le galassie: il campo risulta più intenso del previsto, e fa ruotare le stelle intorno al centro galattico più velocemente del dovuto. Dovremmo ricordare, infatti, che la velocità di rotazione produce una forza centrifuga che controbilancia l'attrazione gravitazionale verso il centro, e mantiene stabili le stelle nella loro orbita (come succede per i pianeti intorno al sole). Man mano che ci si allontana dal centro galattico

---

[1] Grazie soprattutto al lavoro di Vera Rubin, una giovane astronoma del Carnegie Institution di Washington, che per prima riuscì a misurare in modo sufficientemente accurato la velocità di rotazione delle stelle in funzione della loro distanza dal centro, nelle galassie a spirale.

la forza di gravità dovrebbe diminuire, e quindi dovrebbe diminuire anche la velocità di rotazione. Invece, le stelle continuano a ruotare con una velocità praticamente costante, come se l'intensità del campo gravitazionale fosse indipendente dalla distanza dal centro. Il secondo effetto, scoperto alla fine del secolo scorso[2], riguarda un'anomala repulsione gravitazionale che si osserva a grandi scale di distanza: questa forza fa espandere il nostro Universo in maniera accelerata, anziché decelerata come ci aspetteremmo se il campo di gravità forse generato dalle sorgenti materiali presenti a livello cosmico (stelle, galassie, radiazione intergalattica), e obbedisse alle leggi previste dalla teoria della relatività generale.

È possibile, in principio, che questi due effetti anomali – le curve di rotazione galattica e l'accelerazione cosmica – segnalino la necessità di modificare le leggi gravitazionali quando dobbiamo applicarle a scale di distanza estremamente grandi. E in effetti è possibile costruire modelli che a distanze ordinarie si accordano con la teoria gravitazionale nota, mentre a grandi distanze riproducono gli effetti anomali osservati.

Possiamo citare, a questo proposito, il modello di "gravità camaleonte" (già illustrato nel paragrafo 2.1.2); il cosiddetto modello MOND[3] (che è in grado di spiegare le velocità di rotazione galattiche mediante una modifica ad hoc della legge di Newton); i modelli detti "gravità $f(R)$" (che modificano ad hoc le leggi della teoria gravitazionale di Einstein[4]); e i modelli di "gravità indotta" (basati sulla presenza di dimensioni *extra*), che illustreremo nel paragrafo seguente.

L'attitudine più convenzionale – e anche più largamente accettata, almeno per ora – non è però quella di modificare le leggi gravitazionali che conosciamo, ma quella di assumere che esistano, a livello cosmico, due nuove forme di materia e di energia che non abbiamo ancora rivelato nei nostri laboratori terrestri, e che hanno le proprie-

---

[2]La scoperta è stata annunciata nei lavori di A. G. Riess et al. e S. Perlmutter et al. [16]. Il lavoro di questi gruppi è stato recentemente premiato con il Nobel per la fisica assegnato nel 2011.

[3]La sigla sta per *Modified Newtonian Dynamics*, un modello di dinamica (proposta da M. Milgrom nel 1981) che si discosta da quella Newtoniana nel limite di accelerazioni molto piccole. In quel limite, la forza non è più proporzionale all'accelerazione, ma tende a diventare proporzionale al quadrato dell'accelerazione.

[4]Questi modelli si chiamano così perché modificano le equazioni della relatività generale sostituendo la curvatura dello spazio-tempo – rappresentata dal simbolo $R$ – con una funzione arbitraria della curvatura, indicata appunto come $f(R)$.

tà "giuste" per spiegare gli effetti anomali osservati. Queste sostanze sono state battezzate, rispettivamente, "materia oscura" e "energia oscura", perché risulterebbero entrambe invisibili se non fosse per gli effetti gravitazionali che producono. La materia oscura, in particolare, circonda tutte le galassie come un alone di sottilissima "polvere cosmica", riempiendo gli spazi vuoti tra le stelle e provocando così l'aumento della loro velocità di rotazione. L'energia oscura, invece, è distribuita come un fluido pressoché omogeneo in tutto l'Universo, e gode della strana proprietà di avere una pressione negativa, generando così una forza gravitazionale repulsiva abbastanza intensa da accelerare l'espansione dell'Universo stesso.

È scontato che una rivelazione diretta della materia oscura e/o dell'energia oscura rappresenterebbe una scoperta di importanza fondamentale per la fisica moderna. Finora non c'è stato alcun risultato positivo a questo proposito. Devo dire, però, che proprio mentre sto scrivendo queste note (oggi, 3 aprile 2013), è arrivata una notizia che potrebbe fornire una conferma indiretta dell'esistenza della materia oscura.

L'esperimento AMS ha annunciato[5], con un seminario tenuto al CERN di Ginevra, che il flusso di raggi cosmici che investe la Terra proveniente da tutta la nostra galassia contiene una frazione di particelle di antimateria (in particolare positroni, ossia antielettroni) più alta del previsto. Questo eccesso di positroni è costante nel tempo e non dipende dalla direzione di provenienza dei raggi cosmici (ossia è isotropo), in accordo ai risultati di esperimenti precedenti. L'elevatissima precisione dell'esperimento AMS, però, ha permesso anche di stabilire che la distribuzione dei positroni in funzione della loro energia ha esattamente l'andamento che ci aspetteremmo se i positroni fossero prodotti dalle particelle di materia oscura che collidono tra loro e si disintegrano!

Abbiamo dunque osservato un segnale che ci conferma – se pur indirettamente – l'esistenza della materia oscura?

---

[5]La sigla AMS sta per *Alpha Magnetic Spectrometer*, che è uno strumento usato per la rivelazione e lo studio delle particelle di antimateria presenti nei raggi cosmici. Questo strumento è stato installato all'esterno della Stazione Spaziale Internazionale (ISS), posizionata in orbita attorno alla Terra, per intercettare i raggi cosmici prima che possano interagire con l'atmosfera terrestre (e perdere così le preziose informazioni sulla loro origine).

È presto per dirlo. Bisognerà misurare il numero di positroni a energie più alte (in particolare, a energie superiori al limite attuale di 250 GeV), per vedere se il numero in eccesso si riduce, e a un certo punto scompare. Infatti, se i positroni in eccesso sono prodotti dalla disintegrazione dalle particelle che compongono la materia oscura, l'effetto dovrebbe cessare per positroni di energia superiore alla massa di queste particelle. Nessuna riduzione di questo tipo è stata osservata alle energie finora analizzate. Sarà necessario raccogliere e analizzare dati ancora per diversi mesi prima di ottenere risultati precisi a energie più elevate, e ottenere (forse) risposte conclusive riguardo alla presenza di materia oscura.

Lasciando da parte per il momento la materia oscura, in questo capitolo ci concentreremo sul problema dell'accelerazione cosmica, discutendo brevemente tre possibilità: accelerazione dovuta a una modifica dell'interazione gravitazionale a grandi distanze; oppure alla presenza di una nuova sostanza, o campo di forze, con le proprietà tipiche dell'energia oscura; o ancora, a proprietà fisiche dello stato che chiamiamo "vuoto", e che ancora non conosciamo abbastanza a fondo.

## 3.1  Le dimensioni extra tornano in gioco

Ci sono vari modelli che prevedono un diverso andamento dell'interazione gravitazionale a scale di distanza molto grandi, e che potrebbero spiegare l'espansione accelerata del nostro Universo senza ricorrere a ingredienti esotici come l'energia oscura.

Quasi tutti questi modelli, però, sono costruiti in modo alquanto artificioso al puro scopo di risolvere il problema dell'accelerazione, e mancano di giustificazioni teoriche convincenti. Inoltre, alcuni di questi modelli sono in difficoltà nel descrivere l'interazione gravitazionale nel regime di distanze ordinarie (perché prevedono forze aggiuntive a lungo raggio che, se non vengono in qualche modo eliminate, sono in contrasto con le osservazioni).

Fa eccezione (perlomeno alla prima di queste critiche) il cosidetto modello DGP, o modello di "gravità indotta"[6], basato sullo scena-

---

[6]La sigla DGP deriva dalle iniziali dei nomi dei proponenti: G. Dvali, G. Gabadadze e M. Porrati [17].

rio dell'Universo a membrana introdotto nel paragrafo 2.4. Infatti, l'ipotesi che il nostro spazio sia solo una "fetta" tridimensionale di uno spazio con molte dimensioni non è introdotta appositamente per spiegare l'accelerazione cosmica, ma, come abbiamo visto, è motivata dal confinamento spaziale delle interazioni suggerito dalle teorie di stringa.

Può sembrare strano – e in effetti lo è – che il modello di spazio a membrana sia in grado di predire modifiche per la gravità a grandi distanze. Nel capitolo precedente, ad esempio, abbiamo visto esattamente l'effetto opposto: abbiamo visto che lo spazio esterno alla membrana, dopo aver confinato sulla membrana la componente a lungo raggio dell'ordinaria forza gravitazionale, induce correzioni solo a distanze sufficientemente piccole.

In quel caso, però, si considerava una situazione particolare, caratterizzata da una elevata energia del vuoto (o costante cosmologica) presente sia nello spazio esterno alla membrana sia sulla membrana stessa, e associata a dimensioni *extra* necessariamente curve, anche se molto estese. In questa situazione, le correzioni alla gravità sulla membrana potevano diventare importanti solo a grandi energie, ovvero a piccole distanze.

Il modello DGP, invece, assume che tutta le forme di materia e di energia (anche del vuoto) siano strettamente localizzate sulla membrana, insieme a tutte le interazioni di tipo non-gravitazionale. Lo spazio esterno alla membrana è vuoto e senza energia, la sua geometria è piatta, ossia Euclidea, e l'interazione gravitazionale è libera di propagarsi anche lungo le dimensioni *extra*. Però, la membrana stessa ha un suo campo gravitazionale intrinseco (la cosidetta "gravità indotta", associata alla materia presente sulla membrana), che va sommato al campo gravitazionale totale presente nello spazio multidimensionale.

Si ottiene allora un risultato che è esattamente l'opposto del precedente. In questa situazione, infatti, la gravità presente sulla membrana si accorge dell'esistenza delle dimensioni *extra* (e si modifica si conseguenza) solo a energie sufficientemente basse, e quindi – su scale di distanze cosmiche – solo a tempi relativamente recenti. Questo risultato è interessante per due motivi.

In primo luogo ci dimostra, con un esempio esplicito, che la presenza di uno spazio multidimensionale può risultare compatibile con l'ordinaria gravità dello spazio tridimensionale, almeno in un opportuno intervallo di energie, anche se le dimensioni *extra* sono *infinitamente estese e piatte*. Non è necessario che siano compatte (come suggeriscono i modelli di Kaluza-Klein), e neanche che siano curve (come suggeriscono i modelli di confinamento della gravità sulla membrana).

In secondo luogo – e questo è l'aspetto forse più sorprendente e interessante – le modifiche previste dal modello DGP per le equazioni che descrivono il campo gravitazionale sulla membrana implicano, automaticamente, che al di sotto di una opportuna scala di energia l'espansione dello spazio tridimensionale diventi accelerata! Si ritrova dunque l'effetto osservato, e lo si ritrova proprio alle epoche di bassa energia tipiche dello stato attuale dell'Universo.

Sarà questa, dunque, la giusta spiegazione dinamica della forza di repulsione cosmica che oggi vediamo attiva su larga scala? Sarà corretto interpretare questa forza come un messaggio di presenza delle dimensioni *extra* che ci circondano, che sono infinitamente estese, e che risultano così sfuggenti alla nostra osservazione diretta?

Mi piacerebbe rispondere di sì, ma in realtà non abbiamo ancora elementi sufficienti per dare una risposta (nè affermativa nè negativa). Dobbiamo ricordare, inoltre, che anche il modello DGP non è immune da problemi, di tipo sia fenomenologico che formale. Dal punto di vista fenomenologico, infatti, richiede che la costante che controlla l'intensità della forza gravitazionale nello spazio multidimensionale abbia un valore estremamente elevato, difficile da giustificare teoricamente. Dal punto di vista formale, invece, non sembra ammettere una versione quantistica consistente[7].

## 3.2 Una nuova forma di energia "oscura"?

Supponiamo che la gravità sia sempre ben descritta – senza sorprese – dalle leggi di Newton quando la forza è sufficientemente debole, e dalle leggi della relatività generale quando si entra nel regime relativistico. Supponiamo che tali leggi si possano applicare, senza modifiche, anche a livello cosmologico per descrivere l'evoluzione complessiva dell'Universo. Perché dovrebbero esserci difficoltà, in questo

---

[7] Per la presenza dei cosiddetti *ghosts*, stati non fisici caratterizzati da una probabilità negativa, che appaiono nella versione quantistica di questo modello.

caso, a giustificare la fase di espansione accelerata che il nostro Universo sta attualmente attraversando?

È forse opportuno ricordare, a questo proposito, come si determina lo stato di accelerazione cosmica. Si prendono in considerazione delle sorgenti luminose "campione", ossia sorgenti che emettono luce con intensità nota e costante, e si misura il flusso di energia ricevuto da queste sorgenti in funzione della loro distanza dalla Terra. Una buona classe di sorgenti campione è rappresentata, in particolare, dalle Supernovae di tipo Ia, ossia da esplosioni stellari che emettono enormi quantità di energia luminosa e risultano quindi visibili anche a grandissime distanze. La potenza con cui la radiazione viene emessa è approssimativamente la stessa per tutte le Supernovae Ia, per cui queste sorgenti vengono appunto chiamate "candele standard".

Se lo spazio in cui sono immerse le Supernovae e gli osservatori terrestri fosse piatto e statico, di tipo Euclideo, allora il flusso di luce che riceviamo dovrebbe decrescere in modo inversamente proporzionale alla distanza della sorgente al quadrato. Invece non è così: il flusso ricevuto risulta più debole di quello che ci aspetteremmo in base alle regole dello spazio Euclideo, e questa anomalia aumenta all'aumentare della distanza della sorgente.

È proprio in base a osservazioni di questo tipo che – quasi cent'anni fa – è stata scoperta la famosa legge di Hubble-Humason che ha messo in evidenza lo stato di espansione del nostro Universo. Se l'Universo si espande, infatti, la distanza tra sorgente e osservatore non è costante, ma aumenta col tempo: le sorgenti più lontane subiscono maggiormente questo effetto (perché la luce impiega più tempo a raggiungerci) e – all'aumentare della distanza – il corrispondente flusso ricevuto diventa sempre più debole e sempre più anomalo rispetto alla situazione statica.

Partendo da questo risultato sperimentale, e utilizzando le equazioni della relatività generale, è stato costruito il cosiddetto "modello cosmologico standard", che per molti anni ha spiegato e interpretato con successo tutte le osservazioni relative all'Universo attuale. In questo modello le proprietà geometriche dello spazio sono controllate dalla materia e dalla radiazione presenti a livello cosmico, obbedendo alle leggi gravitazionali di Einstein. Queste equazioni ci dicono, in particolare, che lo spazio deve espandersi (predicendo così l'indebolimento del flusso ricevuto dalle sorgenti lontane), e che l'attuale espansione, però, deve rallentare nel tempo (perché frenata dalla reciproca attrazione gravitazionale esercitata dalla materia).

C'è stata dunque una grande sorpresa quando, ripetendo con sempre maggior precisione le misure del flusso ricevuto, e includendo sorgenti sempre più lontane, si è trovato un indebolimento anomalo del flusso ancor più grande di quello previsto dal modello standard!

I dati sperimentali relativi a questo effetto, basati sulle Supernovae, sono stati rilasciati per la prima volta alla fine degli anni '90, e successivamente presentati in versioni sempre più accurate. Questi dati ci dicono, in particolare, che la diminuzione del flusso delle sorgenti più lontane è così grande da richiedere un aumento delle distanze *accelerato* nel tempo (e non rallentato, come predetto dal modello standard).

Se non vogliamo modificare le equazioni di Einstein e le proprietà dell'interazione gravitazionale, dobbiamo allora inevitabilmente modificare il modello standard. In particolare, dobbiamo supporre che a livello cosmico sia presente una nuova sostanza capace di controbilanciare l'attrazione gravitazionale prodotta dalla materia (anche di quella oscura), e dar luogo così a un'espansione accelerata in grado di spiegare le osservazioni relative alle Supernovae.

Le equazioni di Einstein, d'altra parte, ci dicono che qualunque tipo di sostanza (o fluido) presente a livello cosmico controlla la variazione nel tempo della velocità di espansione in due modi: con un contributo proporzionale alla sua densità d'energia e con un contributo proporzionale alla sua pressione. Entrambe queste quantità sono positive (o nulle) per le componenti del fluido cosmico previste dal modello standard (vale a dire pianeti, stelle, galassie, polvere interstellare, radiazione elettromagnetica, particelle cosmiche, materia oscura, ecc.). La nuova sostanza, per produrre l'effetto gravitazionale opposto, deve quindi essere caratterizzata da una energia negativa o da una pressione negativa. Escludendo il caso più esotico di energia negativa (che potrebbe essere problematico in un contesto quantistico) arriviamo così alla conclusione che l'evoluzione dell'Universo attuale deve essere principalmente determinata da una sostanza (che chiameremo "energia oscura") dotata di pressione negativa.

Giunti a questa conclusione, si apre ufficialmente la "gara" per scegliere i candidati più adatti a ricoprire il ruolo di energia oscura.

La scelta più semplice e naturale – immediatamente adottata e tuttora valida – è quella di una costante cosmologica $\Lambda$, che fornisce una densità d'energia oscura costante nel tempo e uguale in tutti i punti dello spazio. Secondo le equazioni di Einstein, infatti, un'energia di questo tipo deve corrispondere necessariamente a una pressione negativa (uguale e di segno opposto alla densità d'energia). Inoltre, se la costante $\Lambda$ rappresenta la forma dominate di energia a livello cosmico, l'espansione dell'Universo risulta automaticamente di tipo accelerato.

L'introduzione di una costante cosmologica sembrerebbe dunque poter descrivere in modo soddisfacente l'attuale fase cosmica mediante una modifica "minima" del modello standard, se non fosse per due importanti problemi che inevitabilmente si presentano.

Il primo problema riguarda lo speciale, piccolissimo valore della densità d'energia associata a $\Lambda$: per essere in accordo con le osservazioni, infatti, il valore di $\Lambda$ deve risultare circa $10^{122}$ volte più piccolo di quello che ci aspetteremmo se il suo valore – come discuteremo nel paragrafo 3.3 – fosse determinato dalle proprietà quantistiche del vuoto. È una discrepanza enorme! Se invece $\Lambda$ non è collegato alle proprietà del vuoto, ma è una costante (classica) arbitraria, perché allora ha proprio quel valore? Se fosse un po'più piccola oggi sarebbe completamente trascurabile (e non avremmo l'accelerazione cosmica), se fosse un po'più grande l'Universo non potrebbe esistere nella forma che oggi conosciamo.

Il secondo problema riguarda il fatto che la densità di energia oscura associata a $\Lambda$ è *costante* nel tempo, mentre la densità di energia della materia e della radiazione *decrescono* nel tempo. Oggi la densità di energia oscura è dello stesso ordine di grandezza della densità di materia (il rapporto relativo è circa di 7 a 3), ma in passato la materia era dominante, mentre in futuro sarà la costante cosmologica a dominare. Perché allora materia ed energia oscura hanno approssimativamente la stessa densità proprio nell'epoca attuale? Sembra che la nostra epoca sia fortemente "privilegiata", e questo rappresenta il cosiddetto "problema della coincidenza".

Per risolvere entrambi i problemi si potrebbe pensare che la densità di energia oscura non è costante, ma varia nel tempo in modo opportuno. La sua variazione potrebbe spiegare perché oggi è così piccola, e potrebbe anche fare in modo che l'approssimata uguaglianza delle densità di energia non sia una coincidenza che si verifica solo nella nostra epoca, ma una proprietà che continua a valere anche in altre epoche (se non per sempre).

Questa interessante congettura ha portato alla formulazione di modelli in cui l'energia oscura è rappresentata non da una costante ma da un appropriato campo di forze presente a livello cosmico, genericamente denominato "quintessenza". È divertente osservare come questo nome faccia esplicito riferimento al fantomatico quinto elemento (o etere) della filosofia Aristotelica, a lungo ricercato (ma invano!) dagli alchimisti medioevali. L'energia oscura – almeno per ora – si comporta infatti come una sorta di "etere moderno": ha proprietà fisiche piuttosto "strane", è stata introdotta ad hoc per spiegare una contraddizione tra le previsioni teoriche e le osservazioni, e nessuno (finora) è mai riuscito a rivelarla direttamente.

### 3.2.1 La quintessenza cosmica

Un modello di energia oscura basato sull'esistenza di un nuovo campo di forze (e una nuova particella) può sembrare molto più "realistico" di un modello basato sulla costante cosmologica (perlomeno dal punto di vista di un fisico teorico, abituato a rappresentare le interazioni fondamentali come campi, e non come costanti). Anche in questo caso, però, non è facile giustificare – con un modello motivato e convincente – le strane proprietà che il campo di quintessenza deve possedere.

Questo campo, innanzitutto, deve essere caratterizzato da un'energia potenziale intrinseca che, indipendentemente dal suo valore iniziale, varia nel tempo in modo da inseguire (ovvero "tracciare") l'andamento della densità di energia materiale[8], e da raccordarsi ad essa ad un'epoca stabilita (ad esempio quella attuale).

Inoltre, per agire su scale di distanza cosmologiche, la quintessenza deve avere un raggio d'azione non minore del raggio di Hubble $L_H$. La particella associata a questo campo di forze è dunque caratterizzata da una massa $m \sim 1/L_H$ che risulta enormementte piccola, dell'ordine di $10^{-33}$ eV (vale a dire, circa $10^{42}$ volte più piccola della masa di un protone!). Poiché gli inevitabili effetti che intervengono a livello quantitistico (le cosiddette "correzioni radiative") tendono ad aumentare la massa della particella, e quindi a diminuire il raggio d'azione della quintessenza, un modello consisten-

---

[8]Questo avviene, in particolare, nei modelli di quintessenza in cui l'andamento del campo scalare è descritto dalle cosiddette "soluzioni inseguitrici" (*tracker solutions*). Si veda ad esempio il lavoro di I. Slatev, L. Wang e P. J. Steinhardt [18].

te dovrà essere capace di evitare questo "ingrassamento" della particella di quintessenza mediante un opportuno meccanismo di protezione.

D'altra parte, se la quintessenza agisce a lungo raggio, produrrà effetti non solo sull'espansione dello spazio a livello cosmico, ma anche sull'interazione gravitazionale della materia macroscopica ordinaria. Per evitare di indurre correzioni troppo grosse, in contrasto con i presenti risultati sperimentali, è allora necessario che la forza tra la quintessenza e i barioni – che forniscono il contributo principale alla massa della materia ordinaria – risulti molto più debole della normale forza gravitazionale.

L'interazione tra la quintessenza e la materia oscura, invece, non deve essere trascurabile. La materia oscura rappresenta infatti, a livello cosmico, la forma dominante di materia pesante[9], mentre la quintessenza rappresenta l'energia oscura. Affinché l'evoluzione temporale di queste due componenti "oscure" sia strettamente (e mutuamente) correlata, la loro reciproca interazione deve avere un'intensità non troppo dissimile da quella gravitazionale (altrimenti evolverebbero in modo indipendente sotto l'azione del campo di gravità cosmico, e non ci sarebbero speranze di risolvere il problema della coincidenza). Ma questo significa che il campo di quintessenza agisce in maniera non-universale (più debolmente sui barioni, più fortemente sulle particelle della materia oscura), e quindi viola il principio di equivalenza.

Visti i requisiti appena elencati, diversi e difficili da soddisfare simultaneamente, dovrebbe essere chiaro che il campo di forze corrispondenti all'energia oscura deve avere proprietà altamente non comuni. È possibile, ad esempio, che la sua energia cinetica abbia una dipendenza dalla velocità molto diversa da quella ordinaria (ossia, che non sia semplicemente proporzionale al quadrato della velocità): questo infatti è ciò che viene suggerito dai cosiddetti modelli di "quintessenza cinetica", appositamente inventati proprio per risolvere i problemi creati dall'energia oscura[10].

---

[9]Le attuali osservazioni ci dicono che la materia presente nel nostro Universo, e composta da particelle pesanti non relativistiche, ha una componente di tipo barionico pari a circa il 10%. Il resto è tutta materia oscura, la stessa che modifica la velocità di rotazione stellare all'interno delle galassie.

[10]Si veda ad esempio il lavoro di C. Armendariz-Picon, V. Mukhanov e P. J. Steinhardt [19].

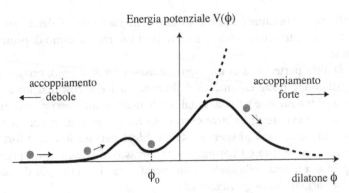

Energia potenziale $V(\phi)$

accoppiamento
⟵ debole

accoppiamento
forte ⟶

$\phi_0$                     dilatone $\phi$

**Fig. 3.1**  Un possibile esempio di potenziale dilatonico. Al crescere del campo $\phi$ aumenta l'intensità delle interazioni. Le curve tratteggiate rispecchiano la nostra attuale ignoranza sul regime di campo forte, dove il potenziale potrebbe decrescere oppure tendere all'infinito

È anche possibile, però, che non sia necessario introdurre ad hoc nuovi campi e nuovi modelli, e che il ruolo di quintessenza possa essere interpretato con successo da un campo già previsto per altri motivi. Per esempio dal dilatone, il *partner* scalare del gravitone necessariamente richiesto dalle teorie di stringa.

Il dilatone, infatti, è caratterizzato da un'energia potenziale che tende rapidamente a zero quando il campo è debole[11], e che presenta invece una forma complicata, con punti di massimo e minimo, quando l'intensità del campo aumenta (si veda la Fig. 3.1). Nel regime di campo debole gli effetti quantistici sono trascurabili, mentre per campi forti le correzioni quantistiche vanno necessariamente incluse.

Nei modelli cosmologici basati sulla teoria delle stringhe (che verranno discussi in dettaglio nel capitolo 6) l'intensità del campo dilatonico parte da valori molto bassi, ma tende a crescere col tempo, e quindi raggiunge inevitabilmente la zona dei massimi e dei minimi. A questo punto ci sono due possibilità.

Una prima possibilità[12] è che il dilatone si stabilizzi a un minimo del potenziale, per esempio al valore $\phi_0$ indicato in Fig. 3.1. Questo può avvenire facilmente nelle epoche passate del nostro Univer-

---

[11]Più precisamente, quando l'esponenziale del campo dilatonico (che controlla l'intensità effettiva di tutte le interazioni) è molto minore di uno.

[12]L'esempio è stato discusso in un mio lavoro del 2001 [20].

so, quando la forma dominante di energia cosmica era la radiazione elettromagnetica: la radiazione, infatti, influenza l'evoluzione del dilatone molto debolmente, soprattutto se il dilatone si ferma in un regime in cui il campo è ancora abbastanza debole, e le correzioni quantistiche non sono predominanti.

Non appena l'Universo diventa dominato dalla materia, però, il dilatone "si sveglia" e tende a spostarsi dal minimo, trascinato dall'evoluzione della densità della materia. Affinché ciò non avvenga è necessario che l'energia potenziale del minimo, $V(\phi_0)$, sia compresa in un opportuno intervallo di valori, e inoltre che l'accoppiamento del dilatone alla materia oscura non sia troppo intenso. Se queste condizioni sono soddisfatte allora l'Universo evolve verso una fase finale dominata dal valore costante dell'energia potenziale del dilatone, che agisce come una costante cosmologica effettiva $\Lambda = V(\phi_0)$.

Il problema della coincidenza, in questo caso, non viene completamente risolto, ma perlomeno viene attenuato: infatti, non tutti i valori del minimo di energia potenziale sono permessi, ma solo il limitato intervallo di valori che porta alla fase finale dominata dal dilatone. Questo significa che l'approssimata uguaglianza tra densità della materia e densità dell'energia oscura non può verificarsi a qualunque epoca, ma solo nelle epoche comprese in un preciso intervallo temporale, i cui limiti sono rigidamente fissati dalle proprietà del potenziale e dell'interazione dilatonica. La nostra epoca, dunque, non sarebbe la "più speciale" in assoluto tra tutte le infinite epoche dell'Universo, ma solo la più speciale all'interno del ristretto intervallo di epoche permesse dal dilatone.

C'è però da considerare anche una seconda possibilità, quella in cui la velocità iniziale del dilatone è sufficiente a superare la zona intermedia dei massimi e dei minimi (si veda il potenziale di Fig. 3.1), e a entrare decisamente nel regime di forte interazione dove le correzioni quantistiche danno un contributo determinante. L'andamento dell'energia potenziale, in questo caso, diventa cruciale.

Se l'intensità delle interazioni continua a crescere senza limiti, allora è praticamente impossibile fare previsioni ragionevoli. Ma se – anche includendo tutte le correzioni quantistiche – l'intensità delle interazioni dilatoniche tende a saturarsi a valori costanti, piccoli e trascurabili per i barioni, più intensi per la materia oscura, allora c'è la possibilità di costruire uno scenario realistico che giustifichi o elimini la cosiddetta coincidenza cosmica.

Questo è appunto quello che avviene in alcuni modelli di cosmologia di stringa[13], basati su di un'energia potenziale $V(\phi)$ che tende esponenzialmente a zero quando il campo dilatonico diventa arbitrariamente elevato. In questo caso il dilatone non si fissa mai a un valore costante, e dunque la sua energia – che rappresenta l'energia oscura – contiene sempre una miscela di energia cinetica ed energia potenziale. Il nostro Universo arriva allo stato attuale dopo una lunga fase preparatoria, che gli consente di "aggiustare" reciprocamente i valori delle varie densità di energia.

La fase preparatoria inizia non appena la materia oscura diventa la forma di energia dominante a livello cosmico, superando il contributo energetico della radiazione[14]. A quell'epoca la densità di energia potenziale del dilatone è ancora completamente trascurabile rispetto a quella cinetica, la quale, a sua volta, è trascurabile rispetto alla densità d'energia della materia. Ciononostante, l'accoppiamento tra dilatone e materia oscura è sufficientemente intenso da obbligare il dilatone ad avere un andamento temporale che segue esattamente quello della densità di materia. Questa fase è detta appunto "fase di trascinamento", perché l'evoluzione del dilatone è trascinata da quella della materia oscura.

La fase successiva, detta "fase di congelamento", si innesca non appena entra in gioco l'energia potenziale del dilatone, diventando confrontabile con quella cinetica e con quella della materia. Da quel momento in poi tutti i rapporti tra i vari tipi dominanti di densità di energia (ad esempio, tra densità di materia e densità d'energia cinetica dilatonica, tra densità di materia e densità d'energia potenziale dilatonica) si fissano a valori costanti dell'ordine dell'unità, e tali rimangono per tutta l'evoluzione futura.

Le singole componenti dominanti della densità d'energia, in questa fase, hanno dunque lo stesso andamento temporale (perché il loro rapporto è costante), ma tale andamento è diverso da quello che avrebbe la materia in assenza del dilatone, e il dilatone in assenza di materia.

---

[13] Si veda ad esempio il lavoro di M. Gasperini, F. Piazza e G. Veneziano [21].

[14] Questo avviene non appena l'Universo oltrepassa la cosiddetta "epoca di equilibrio", caratterizzata da una temperatura circa diecimila volte più intensa di quella attuale (che vale 2.7 gradi Kelvin). Possiamo dire, più precisamente, che l'Universo diventa dominato dalla materia quando la temperatura della radiazione scende al di sotto dei 14.700 gradi Kelvin (si veda ad esempio [3]).

La densità di materia oscura, da sola, si diluirebbe rapidamente nel tempo in modo inversamente proporzionale al volume che si espande, e porterebbe l'Universo a un'espansione decelerata. La densità di energia del dilatone, da sola, tenderebbe a essere dominata dal potenziale e a comportarsi come una costante cosmologica effettiva, portando l'Universo a un'espansione accelerata. Il modello considerato, invece, prevede per tutte le forme di energia dominanti un andamento intermedio rispetto ai due precedenti: la densità di energia della materia e del dilatone si diluiscono entrambe nel tempo, ma in modo sufficientemente lento da produrre comunque un'espansione accelerata.

Se questo scenario è corretto, noi siamo entrati (forse da poco) nella fase finale di congelamento, e il rapporto (di circa 7 a 3) che attualmente osserviamo tra la densità di energia oscura e di materia oscura cambierà pochissimo, o per niente, nelle future ere cosmologiche. La nostra epoca, dunque, non è in alcun modo privilegiata rispetto alle infinite epoche successive, e noi non stiamo sperimentando "coincidenze" di alcun tipo.

La conclusione è interessante, ma c'è una domanda che ci dobbiamo porre: ci sono osservazioni che potrebbero confermare (o smentire) sperimentalmente, in modo diretto o indiretto, il modello che abbiamo utilizzato?

Accantoniamo per il momento la possibilità di osservare la costanza (o la variazione) futura del rapporto tra densità di energia oscura e di materia oscura (che sembra richiedere tempi troppo lunghi e/o osservazioni di precisione troppo elevata). Ci restano allora due possibilità: cercare di determinare sperimentalmente *i*) l'andamento del rapporto tra densità di materia oscura e materia barionica nella fase finale di congelamento, e *ii*) l'epoca di inizio della fase accelerata.

Nella fase di congelamento, infatti, abbiamo visto che la densità di materia oscura cambia andamento per adeguarsi all'evoluzione del dilatone, e – come risultato – si diluisce più lentamente nel tempo. La materia barionica, invece, è completamente disaccoppiata dal dilatone, e continua a diluirsi in modo più rapido. Ne consegue che la frazione di materia barionica rispetto a quella oscura oggi è più piccola che in passato, e diventerà sempre più piccola col passar del tempo. Ciò non si verificherebbe se materia oscura ed energia oscura fossero completamente disaccoppiate (come nei modelli basati sulla costante cosmologica).

Una misura della frazione di materia barionica relativa a un'epoca passata (ad esempio, all'epoca di equilibrio), confrontata con quella attuale, potrebbe darci dunque indicazioni importanti sulla validità di questo scenario. Inoltre, un forte accoppiamento tra materia oscura ed energia oscura – del tipo di quello previsto dai modelli dilatonici – permette all'Universo di diventare accelerato a partire da epoche molto più remote di quelle previste dai modelli in cui questo accoppiamento non esiste[15]. L'epoca di inzio della fase accelerata, però, è tutt'ora nota con una larga incertezza, e potrà essere determinata con maggiore precisione solo includendo i dati di Supernovae sempre più lontane, o forse utilizzando anche altri tipi di sorgenti cosmiche (come quelle che emettono raggi gamma, e che permettono di estendere ulteriormente il nostro campo osservativo lontano nello spazio e all'indietro nel tempo).

Stiamo dunque attraversando una fase cosmologica dominata dal dilatone, o da qualche altro tipo di "quintessenza" che interpreta il ruolo di energia oscura, e fa da sorgente all'accelerazione cosmica? Ce lo diranno, speriamo, le osservazioni future. Ma nel frattempo possiamo (e dobbiamo) esaminare altre possibili spiegazioni (o interpretazioni) dell'energia oscura, come quelle basate sulla densità di energia del vuoto che presenteremo nel paragrafo seguente.

### 3.3 Le fluttuazioni di energia del vuoto

Cos'è il vuoto, per la fisica moderna? È lo stato di energia minima. E qual è l'energia minima dello spazio cosmico? Supponiamo di rimuovere tutta la materia e la radiazione presente: rimarrebbe comunque un'energia intrinseca dello spazio, di tipo quantistico, prevista dal principio di indeterminazione. Quanto vale, e che forma assume, questa energia residua? Potrebbe giocare il ruolo della fantomatica energia oscura?

Per rispondere a queste domande dobbiamo ricordare che i campi di forza e di energia che rappresentano le varie forme di materia e di interazione possono essere completamente annullati solo in un contesto macroscopico e classico, ma non risultano *mai* completamente eliminati a livello microscopico in virtù degli effetti quantistici. Pos-

---

[15]Come mostrato nel lavoro di L. Amendola, M. Gasperini e F. Piazza [22].

siamo fare in modo, ad esempio, che un campo elettrico classico sia zero in una certa regione di spazio, ma non possiamo evitare che – nella stessa regione – il campo si discosti da zero con piccolissime, rapidissime e imprevedibili "fluttuazioni" quantistiche che variano da un punto all'altro e da un istante all'altro.

La componente quantistica di un campo, in particolare, si può immaginare come una sovrapposizione di tantissime piccole onde, ognuna delle quali ha una diversa lunghezza d'onda $\lambda$ e descrive uno stato caratterizzato da una energia minima – detta energia di "punto zero" – che è costante, diversa da zero, e inversamente proporzionale a $\lambda$. Lo spazio, anche se (classicamente) vuoto, non può fare a meno di ricevere il contributo energetico di tutte queste "ondicelle".

Le dobbiamo includere tutte? In principio sì, ma in pratica solo quelle con una lunghezza d'onda minore della scala di distanze (o con un periodo minore della scala di tempi) che possiamo misurare. In caso contrario, infatti non riusciremmo ad apprezzare la variazione nello spazio (o nel tempo) dell'intensità di queste onde, e la loro energia – che è appunto determinata da tali variazioni – risulterebbe in pratica nulla.

Sommando l'energia $E_\lambda$ delle varie onde (che aumenta al decrescere della loro lunghezza d'onda, perché $E_\lambda \sim 1/\lambda$), troviamo che il valore dell'energia totale dipende dalle onde più piccole considerate, e che tale valore tende all'infinito per $\lambda$ che tende a zero! E questo si verifica per tutti i campi fondamentali esistenti in Natura che si comportano, nel regime quantistico, come una sovrapposizione di onde di lunghezza arbitrariamente piccola.

Dobbiamo dunque concludere che l'energia del vuoto è infinita? Ci sono due possibili vie d'uscita per evitare questa conclusione.

Una prima possibilità[16] è quella di "tagliare via" i contributi di tutte le lunghezze d'onda inferiori a una certa lunghezza "minima" $L$ (perché per distanze più piccole di $L$ i modelli che stiamo usando non sono più applicabili, oppure perché il modello stesso ci dice che lunghezze inferiori a $L$ non hanno senso). In questo caso è l'onda più piccola, con $\lambda = L$, a determinare il contributo totale $E$ all'energia del vuoto, che risulta dunque inversamente proporzionale a questa

---

[16]L'eliminazione delle lunghezze d'onda che tendono a zero è una procedura che viene applicata in vari campi della fisica. Si dice, in quel caso, che si è introdotto un "*cutoff* ultravioletto".

distanza minima: $E \sim 1/L$ (il contributo delle onde più lunghe è trascurabile rispetto a questo). La corrispondente densità di energia $\Lambda$, ossia l'energia per unità di volume, è allora inversamente proporzionale alla quarta potenza di questa scala di distanza: $\Lambda \sim E/L^3 \sim 1/L^4$. In questo modo la densità di energia quantistica del vuoto risulta finita. Risulta anche costante (se L è costante), e quindi equivalente in tutti i sensi a una costante cosmologica effettiva, proprio come servirebbe per simulare gli effetti dell'energia oscura. Però questa costante è molto grande, perché la scala di distanza alla quale possiamo imporre il "taglio" delle energie è sicuramente piccola[17].

Prendiamo ad esempio il campo gravitazionale: il modello che attualmente usiamo (la relatività generale) pensiamo sia valido fino a distanze dell'ordine della lunghezza di Planck, $L_P \sim 10^{-33}$ cm. La corrispondente densità di energia, $\Lambda_P \sim 1/L_P^4$, è enorme, e può essere espressa come $\Lambda_P \sim (10^{19}\,\text{GeV})^4$ (ricordiamo, come già visto nel Cap. 2, che $10^{19}$ GeV è la scala di energia corrispondente alla massa di Planck $M_P = 1/L_P$). Il risultato non cambia di molto se al posto di $L_P$ prendiamo, come distanza limite, la scala di lunghezza $L_S$ tipica delle stringhe quantizzate: i modelli di stringa che includono tutte le interazioni suggeriscono infatti per $L_S$ il valore $L_S \sim 10 L_P$, poco diverso dalla lunghezza di Planck[18].

La seconda possibilità per evitare che il vuoto abbia un'energia infinita è quella di supporre che i contributi quantistici dei vari campi, che sono infiniti se presi singolarmente, si cancellino a vicenda tra loro fornendo un risultato totale nullo (o comunque finito).

Questa possibilità (forse più realistica, e sicuramente meglio motivata fisicamente della precedente) si basa sul fatto che le energie di punto zero dei campi fermionici hanno segno opposto a quelle dei campi bosonici. I modelli che contengono lo stesso numero di campi bosonici e fermionici (con la stessa massa), e che risultano esattamente supersimmetrici, possono perciò avere un'energia del vuoto identicamente nulla[19].

---

[17] Si veda ad esempio il lavoro di rassegna di S. Weinberg [23].

[18] Ci sono però possibili eccezioni, dovute soprattutto alla presenza di dimensioni *extra*.

[19] Come mostrato per la prima volta da B. Zumino [24]. Esistono anche modelli supersimmetrici con densità di energia del vuoto costante e negativa, ma non sembrano essere compatibili con una formulazione supersimmetrica di tutte le interazioni basata sulla teoria delle stringhe: si veda ad esempio la discussione di E. Witten [25].

Il nostro Universo forse ha attraversato, nelle più remote ere del suo passato, una fase supersimmetrica, ma di certo non risulta esattamente supersimmetrico nel suo stato attuale. In caso contrario, infatti, tutte le particelle che attualmente osserviamo dovrebbero essere organizzate in multipletti supersimmetrici di particelle con massa uguale. Questo significa, ad esempio, che accanto al fotone (spin 1) e al gravitone (spin 2), che hanno entrambi massa nulla, dovremmo osservare un fotino (spin $1/2$) e un gravitino (spin $3/2$) anch'essi con massa nulla e quindi facilmente producibili anche a bassa energia.

Poiché questo non avviene l'Universo attuale non è esattamente supersimmetrico, e l'energia del vuoto non è zero. L'Universo, però, potrebbe trovarsi in uno stato in cui la supersimmetria esiste ma è rotta, ossia in cui la simmetria di scambio tra bosoni e fermioni non vale in modo esatto ma solo in modo approssimato, perché i vari *partners* supersimmetrici hanno masse molto diverse tra loro.

Se la supersimmetria si rompe, infatti, le particelle dei multipletti supersimmetrci acquistano una differenza di massa che è dell'ordine della scala di energia alla quale avviene la rottura (chiamiamo $M_{SUSY}$ questa energia, e indichiamo con $L_{SUSY} = 1/M_{SUSY}$ la corrispondente scala di lunghezza). Il fatto che non abbiamo mai direttamente osservato i *partners* previsti dalla supersimmetria potrebbe voler dire, semplicemente, che $M_{SUSY}$ è più elevata delle scale di energia che attualmente risultano accessibili ai nostri esperimenti (questo significa, in pratica, $M_{SUSY} \gtrsim 1 \text{ TeV} = 10^3 \text{ GeV}$).

Se questo è il caso, ossia se la supersimmetria diventa efficace solo per energie superiori a $M_{SUSY}$ (e cioè per distanze inferiori a $L_{SUSY}$), la cancellazione esatta tra le energie di punto zero bosoniche e fermioniche avviene solo per lunghezze d'onda abbastanza piccole da trovarsi nel regime supersimmetrico ($\lambda < L_{SUSY}$). Per tutte le altre lunghezze d'onda, invece, non c'è cancellazione, e si genera così un'energia del vuoto che è finita e inversamente proporzionale a $L_{SUSY}$.

La corrispondente densità di energia equivale ancora a una costante cosmologica effettiva che, in questo caso, soddisfa la condizione $\Lambda_{SUSY} \sim 1/L_{SUSY}^4 \gtrsim (10^3 \text{ GeV})^4$. Se la Natura è (almeno approssimativamente) supersimmetrica, il valore della densità di energia del vuoto può dunque risultare, se non nullo, almeno molto inferiore al valore empirico $\Lambda_P = 1/L_P^4$ fornito dalla lunghezza di Planck. Purtroppo, però, il risultato è ancora troppo grande per essere fenomenologicamente accettabile, e incredibilmente distante dal valore che servirebbe per simulare gli effetti dell'energia oscura.

L'accelerazione cosmica che attualmente osserviamo, se interpretata mediante le equazioni di Einstein con una costante cosmologica $\Lambda$, richiede infatti per $\Lambda$ un valore che si può esprimere in funzione della lunghezza di Planck e della lunghezza di Hubble come $\Lambda \sim 1/L_P^2 L_H^2$. Questo valore è più piccolo di $\Lambda_P$ di ben 122 ordini di grandezza, e più piccolo di $\Lambda_{SUSY}$ di almeno 54 ordini di grandezza[20]. Come spiegare questa spaventosa discrepanza?

Notiamo che, anche se l'accelerazione cosmica non ci fosse (o fosse trascurabile), rimarrebbe comunque da spiegare perché quell'enorme densità di energia associata alle fluttuazioni quantistiche non produce alcun effetto osservabile. Che fine hanno fatto $\Lambda_P$ o $\Lambda_{SUSY}$? Forse abbiamo sbagliato i calcoli, e il loro valore reale risulta molto più piccolo? Si tratta indubbiamente di uno dei più grossi problemi (con molte soluzioni proposte, ma nessuna attualmente certa) della fisica moderna.

In presenza di accelerazione cosmica il problema da risolvere, in realtà, è duplice: infatti, bisogna non solo eliminare l'enorme contributo energetico che viene dalle piccole lunghezze d'onda, ma anche giustificare il piccolissimo (ma non nullo) contributo che sembra sopravvivere e produrre gli effetti osservati su grande scala. È possibile trovare una soluzione a questi problemi nel contesto delle fluttuazioni di energia del vuoto?

Procedendo in modo fenomenologico, e considerando una generica scala di distanze $L$, potremmo ipotizzare che le fluttuazioni quantistiche oltre a fornire – come già visto – un contributo energetico inversamente proporzionale alla distanza, $E \sim 1/L$, forniscano anche, per scale sufficientemente grandi, un secondo contributo all'energia del vuoto *direttamente* proporzionale alla distanza, del tipo[21] $E \sim L/L_P^2$. Se fosse così, a tutte le scale di distanza sufficientemente grandi avremmo anche un termine che corrisponde a una densità di energia

---

[20] Per effettuare il confronto bisogna usare i valori numerici delle tre scale di lunghezza $L_P$, $L_H$ e $L_{SUSY}$, che sono dati da $L_P \sim 10^{-33}$ cm, $L_{SUSY} \sim 10^{-16}$ cm, $L_H \sim 10^{28}$ cm.

[21] Il fattore di proporzionalità tra $E$ e $L$ deve essere l'inverso di una lunghezza al quadrato, per ragioni dimensionali. Riferendoci all'interazione gravitazionale qui abbiamo preso la lunghezza fondamentale di Planck per definire il fattore di proporzionalità $1/L_P^2$.

$\Lambda \sim E/L^3 \sim 1/L_P^2 L^2$. Per distanze dell'ordine del raggio di Hubble si troverebbe allora il valore $1/L_P^2 L_H^2$, che è esattamente la densità di energia del vuoto richiesta per spiegare l'accelerazione cosmica!

Assumendo di poter eliminare, in qualche modo, il contributo inversamente proporzionale alle piccole distanze (che ci dà la densità di energia $1/L_P^4$, oppure $1/L_{SUSY}^4$), l'ipotesi precedente spiegherebbe dunque gli effetti osservati su scala cosmica mediante le fluttuazioni di energia del vuoto. Ma come giustificare la presenza del nuovo contributo proporzionale a $L$?

Forse mediante la simmetria "duale" tipica delle stringhe (si veda il paragrafo 5.3), che rende fisicamente indistinguibili una scala di lunghezze e il suo inverso. O forse mediante fluttuazioni quantistiche che portano alla produzione spontanea di membrane, grazie all'energia di uno speciale campo di forze antisimmetrico previsto dalla supersimmetria[22].

Oppure, ancora, c'è l'ipotesi[23] che l'energia del vuoto fluttui da un punto all'altro dello spazio seguendo una distribuzione di tipo Poissoniano[24], e risulti localizzata in microscopiche cellette (o "atomi di spazio") di raggio $L_P$, caratterizzate da un'energia media $1/L_P$. Se prendiamo una regione di spazio geometricamente confinata entro una distanza di raggio $L$, e supponiamo che contenga $N$ di queste cellette, avremo dunque (per le proprietà della statistica di Poisson) fluttuazioni di energia dell'ordine di $E \sim \sqrt{N}/L_P$. Assumendo che il numero rilevante di cellette sia quello delle cellette contenute *sulla superficie* (e non sul volume) della regione considerata, e quindi ponendo $N \sim L^2/L_P^2$, otteniamo così delle fluttuazioni di energia proporzionali alla distanza, $E \sim L/L_P^2$, esattamente come ipotizzato in precedenza.

Resta sempre da eliminare, però, il grosso contributo delle piccole scale, che altrimenti sovrasterebbe il secondo contributo e porterebbe l'energia del vuoto a livelli inaccettabili.

A questo scopo ci sono varie proposte. Ricordandone alcune tra le più radicali possiamo menzionare, ad esempio, l'ipotesi che ta-

---

[22] Si veda ad esempio la discussione di R. Bousso [26].
[23] Si veda ad esempio il lavoro di T. Padmanabhan [27].
[24] La distribuzione statisca di Poisson gode della particolare proprietà per cui la varianza (o scarto quadratico medio) di una distribuzione coincide con il suo valor medio.

le contributo non produca effetti gravitazionali, oppure che venga cancellato da un contributo uguale e contrario perché l'energia delle fluttuazioni quantistiche cambia di segno quando $\lambda$ tende a zero. Se vogliamo evitare queste (ed altre) esotiche possibilità, introdotte ad hoc e poco motivate fisicamente, ci vengono nuovamente in aiuto le dimensioni *extra* e, in particolare, il modello di spazio a membrana.

Infatti, se il nostro spazio è solo una sezione tridimensionale di uno spazio esterno multidimensionale, è perfettamente possibile che la grossa energia del vuoto localizzata nel nostro spazio eserciti la sua forza gravitazionale solo sullo spazio esterno, incurvandolo in accordo alle equazioni di Einstein, e lasciando invece piatto il nostro spazio (come se l'energia del vuoto fosse zero). Un effetto del genere non sarebbe del tutto inconsueto: come ben noto, infatti, anche la materia (stelle galassie, ecc.) presente su scala cosmica incurva lo spazio-tempo, ma lascia piatto lo spazio tridimensionale[25].

L'aspetto interessante di questo meccanismo è che, in questo modo, non si può mai completamente eliminare l'energia del vuoto dovuta a una rottura della supersimmetria. Una (piccola) parte della densità di energia $\Lambda_{SUSY}$, "scaricata" lungo le dimensioni *extra*, ritorna necessariamente sulla membrana che rappresenta il nostro spazio tridimensionale[26]. Questo effetto, in particolare, ci permette di ottenere preziose informazioni sulla scala di energia alla quale si rompe (o si ripristina) la supersimmetria, e, indirettamente, sul modello di spazio a membrana.

Infatti, se la densità di energia $\Lambda_{SUSY} \sim 1/L_{SUSY}^4$ agisce sulle dimensioni extra, le incurva (in accordo alle equazioni di Einstein) producendo un raggio di curvatura $r \sim L_{SUSY}^2/L_P$. Questa curvatura, a sua volta, rompe la supersimmetria presente nelle dimensioni *extra*, e la scala di rottura di tale simmetria risulta inversamente proporzionale al raggio di curvatura $r$. Si produce quindi, nello spazio esterno alla membrana, una densità di energia del vuoto dell'ordine di $1/r^4 \sim L_P^4/L_{SUSY}^8$. La membrana che rappresenta il nostro spazio tridimensionale, essendo immersa in questo spazio esterno, non può fa-

---

[25] Le più recenti osservazioni ci dicono che la curvatura media dello spazio tridimensionale, a livello cosmico, è pari a zero con una precisione dell'uno per cento. Si veda ad esempio il sito ufficiale del *Particle Data Group*, http://pdg.lbl.gov, dove è disponibile una compilazione, annualmente aggiornata, di tutti i dati rilevanti per la fisica delle particelle, l'astrofisica e la cosmologia.

[26] L'effetto è stato discusso in un mio recente lavoro [28].

re a meno di assorbire, a sua volta, questa energia del vuoto, e quindi acquista una costante cosmologica $\Lambda \sim 1/r^4 \sim \Lambda_P (L_P/L_{SUSY})^8$.

Poiché $L_P \ll L_{SUSY}$ questa energia del vuoto residua è molto minore di quella Planckiana, $\Lambda_P$, e anche di quella originariamente prodotta dalla rottura della supersimmetria sulla membrana, $\Lambda_{SUSY}$. Potrebbe quindi giocare il ruolo richiesto di energia oscura, e produrre l'accelerazione cosmica che osserviamo. Comunque (e soprattutto) deve risultare abbastanza piccola da non essere in contrasto con le osservazioni.

Questo significa, più precisamente, che il rapporto $(L_P/L_{SUSY})^8$ $=(M_{SUSY}/M_P)^8$ deve essere minore o uguale di circa $10^{-122}$, il numero piccolissimo che esprime (in unità di Planck) il valore attualmente permesso della costante cosmologica. Imponendo questa condizione otteniamo[27] allora $M_{SUSY} \lesssim 10$ TeV, ossia una scala di rottura della supersimmetria che dovrebbe essere alla portata degli esperimenti effettuabili nell'acceleratore LHC del CERN di Ginevra!

Questi esperimenti (che studiano la collisione di particelle di altissima energia) dovrebbero infatti essere in grado di rivelare (oppure escludere) la presenza di particelle supersimmetriche fino a energie di circa 14 TeV. Quindi, indirettamente, potrebbero confermare (oppure escludere) l'ipotesi che l'attuale accelerazione del nostro Universo sia dovuta (almeno in parte) all'energia quantistica del vuoto, generata dalla rottura della supersimmetria, e "diluita" dalla presenza di dimensioni esterne al nostro spazio tridimensionale.

---

[27] Per ottenere questo risultato bisogna inserire il valore numerico della massa di Planck, $M_P \sim 10^{19}$ GeV, e ricordare che 1 TeV = $10^3$ GeV.

# 4. Lo spazio, il tempo e lo spazio-tempo

Vorrei iniziare questo capitolo con una premessa un po' "filosofica", che riguarda la cosiddetta "realtà" dei modelli fisici.

Come fisico sono esitante ad affrontare certi argomenti che – strettamente parlando – esulano dalle mie competenze professionali. Però, quando abbiamo a che fare con i concetti di spazio e di tempo, che sono alla base della descrizione fisica della Natura che abbiamo finora (faticosamente) costruito, è inevitabile fare alcune riflessioni e porsi qualche domanda scomoda.

Ad esempio, anche se nessuno ne parla spesso con i colleghi, io credo che tutti i fisici si siano chiesti, prima o poi: cos'è lo spazio? cos'è il tempo?

Sono domande filosofiche, che forse non hanno molto senso fisico. O meglio, sono domande che ammettono risposte circolari. Ad esempio, alla domanda "Cos'è il tempo?", un fisico potrebbe rispondere: "È un parametro che descrive il moto". E che cos'è il moto? "È un'evoluzione nel tempo". E così si torna al punto di partenza.

Forse la risposta alla domanda precedente non esiste, o forse la domanda, così com'è, è malposta. Ciononostante, se volessi comunque provare a dare una risposta che rifletta onestamente la mia opinione personale al riguardo, direi che lo spazio, il tempo (e la loro fusione geometrica, il cosiddetto "spazio-tempo" usato nel contesto della teoria della relatività) sono modelli costruiti dalla nostra mente che ben si adattano alla descrizione dei fenomeni fisici che finora conosciamo. Ma non sono più "reali", ad esempio, dello spazio astratto di Hilbert che usiamo in meccanica quantistica per descrivere l'evoluzione delle onde di probabilità.

Le nozioni di "qui", "là", "ora", "ieri", sono frutto della nostra mente che ha prodotto questi concetti in risposta agli stimoli ricevuti, e ha creato un modello di spazio-tempo per interpretare e descrivere in maniera quantitativa la realtà che ci circonda. La vera essenza di questa realtà, però, a mio avviso ci sfugge.

Ogni volta che un vecchio modello viene sostituito da uno più perfezionato, che meglio si adatta ai risultati sperimentali – pensiamo, ad esempio, al tempo assoluto di Newton sostituito dal tempo relativo di Einstein – crediamo di aver scoperto come è fatta la Natura, ma in effetti abbiamo solo costruito un modo più fedele ed efficace di interpretare la nostra esperienza. Ci siamo avvicinati alla realtà delle cose, ma non abbiamo "compreso" la loro essenza, nè (secondo me) potremo mai farlo pienamente.

## 4.1   Forse il passato non è immutabile?

Non so se la maggioranza dei lettori di questo libro creda che il proprio futuro sia già scritto. Io personalmente credo di no. Allo stesso modo, così come il futuro (forse) non è già scritto, forse anche il passato non è immutabile. Alcuni (o molti) di noi sono disposti ad accettare l'idea che il futuro possa cambiare in base alle nostre azioni, ma ben pochi, credo, hanno mai pensato alla possibilità che anche il passato possa cambiare.

Per chiarire meglio cosa intendo è necessario partire da alcune considerazioni elementari che riguardano le nozioni di tempo e di moto.

La nozione di moto (ovvero, di cambiamento di posizione o ancora, più in generale, di cambiamento di stato di un sistema) è sicuramente alla base della descrizione fisica della Natura. Si può dire, in un certo senso, che tutta la fisica non è altro che un insieme di leggi che cercano di predire l'evoluzione nel tempo del mondo che ci circonda, a partire dall'evoluzione nel tempo (ossia dal moto) dei suoi componenti microscopici fondamentali. Ma cosa significa, esattamente, dire che un oggetto è in moto?

Facciamo un semplice esempio relativo alla dinamica classica di una particella puntiforme. Se diciamo che una particella si muove intendiamo dire semplicemente che tale particella, osservata in una posizione spaziale $x_1$ al tempo $t_1$, viene osservata in una diversa posizione spaziale $x_2$ al tempo $t_2$ (si veda la Fig. 4.1). Questa è una definizione operativa del concetto di moto, basata su osservazioni speri-

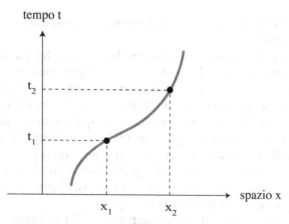

**Fig. 4.1** Semplice esempio di traiettoria spazio-temporale che descrive il moto di un oggetto puntiforme lungo l'asse $x$

mentali, che certamente è condivisibile da chiunque. Tale definizione, però, si presta a due possibili interpretazioni.

Una prima interpretazione, più convenzionale, è che la particella si sia effettivamente spostata dal punto $x_1$ al punto $x_2$, procedendo lungo una traiettoria spazio-temporale (comunemente chiamata "linea d'Universo" della particella) che descrive, punto per punto, istante per istante, la sua localizzazione nello spazio e nel tempo. In questo caso la particella, se è esattamente puntiforme, al tempo $t_1$ si trova in $x_1$ e in nessun altro luogo, al tempo $t_2$ si trova in $x_2$ e in nessun altro luogo, e così via[1].

Una seconda interpretazione (che può sembrare strana, ma anch'essa ugualmente possibile) è che la particella, puntiforme rispetto alle dimensioni spaziali, abbia un'estensione temporale (possibilmente finita) che coincide con la traiettoria disegnata in Fig. 4.1. Vale a dire, in altri termini, che si prende come reale oggetto fisico associato alla particella l'insieme di tutti i punti-evento localizzati sulla sua linea d'Universo: una sorta di sottilissimo "filo" spazio-temporale, le cui varie sezioni temporali, prese a istanti diversi ($t_1$, $t_2$, ecc.) occupano posizioni spaziali diverse ($x_1$, $x_2$, ecc.). In questo caso, perché

---

[1] I tempi $t_1, t_2$ e le posizioni $x_1, x_2$ si riferiscono ovviamente al sistema di riferimento e all'orologio di un particolare osservatore. Per un altro osservatore i valori dei tempi e delle coordinate spaziali potrebbero essere diversi. Ciò che conta, in questo esempio, è solo la variazione della posizione al passare del tempo.

diremmo che c'è un oggetto puntiforme che si è spostato dal punto $x_1$ al punto $x_2$?

Forse perché siamo "noi" a muoverci lungo l'asse temporale (e con "noi" si può intendere la nostra coscienza, o percezione del mondo, ovvero più concretamente il nostro sistema di riferimento, inteso come la nostra capacità fisica di interagire e scambiare informazioni all'interno dello spazio tridimensionale nel quale siamo immersi). Se questo fosse il caso, e se – per i limiti fisici sulla velocità di propagazione delle informazioni – al tempo $t_1$ potessimo osservare solo la sezione spaziale puntiforme della "particella-filo" localizzata in $x_1$, al tempo $t_2$ la sezione localizzata in $x_2$, e così via, diremmo comunque che la particella si è spostata da $x_1$ a $x_2$.

Che differenza c'è tra le due interpretazioni? Una importante differenza concettuale che riguarda il modo di intendere il modello di spazio-tempo utilizzato in fisica.

Nel primo caso stiamo immaginando che lo spazio-tempo sia una struttura non-statica, incompleta, in continua evoluzione e formazione[2], nella quale il "futuro" si costruisce punto per punto e istante per istante e – contemporaneamente – il "passato" si cristallizza in una configurazione data, registrata dai nostri sensi e dai nostri strumenti[3]. Nel particolare esempio considerato, lo spazio-tempo si estende continuamente lungo la linea d'Universo della particella-punto, e questo avviene, localmente, lungo le linee evolutive di tutti gli oggetti presenti nel nostro Universo, in tutte le regioni di spazio. In questo contesto gli eventi passati (lungo una linea d'Universo) sono fissi e immutabili, quelli futuri non esistono finché non vengono creati, istante per istante, e si aggiungono a quelli passati.

Nel secondo caso, invece, tutte le varie "parti" della particella-filo sono sempre fisicamente presenti nello spazio-tempo: la sezione temporale $t_1$ esiste sia prima che dopo che un osservatore ne registri la posizione $x_1$, e così via per la sezione $t_2$ nella posizione $x_2$ e per le altre sezioni temporali. Questo vale per tutti i componenti del nostro

---

[2]Questo scenario viene chiamato "Universo emergente", o anche *Emerging Block Universe*. Si veda ad esempio il contributo di G.F. R. Ellis al libro *Springer Hanbook of Spacetime* [29].

[3]Ovviamente, ciò che si intende per passato e futuro varia a seconda dell'osservarore, e dipende anche dalla struttura geometrica che caratterizza, localmente, la regione di spazio considerato.

Universo e dunque, in questo contesto, lo spazio-tempo esiste sempre e solo nella sua forma completa e finale, che comprende tutti i possibili eventi passati e futuri[4] (anche se si rivela solo gradualmente agli osservatori che lo esplorano).

Questa seconda interpretazione – attualmente molto popolare tra i fisici[5] – sembrerebbe essere in disaccordo con il principio filosofico del "libero arbitrio". Se le particelle, e con esse tutto il mondo fisico che ci circonda (e anche noi stessi, visto che siamo fatti di particelle) sono rappresentate da oggetti estesi nel tempo (sia verso il passato che verso il futuro), sembrerebbe che tutto sia già fissato in modo rigido e predeterminato. Il passato non può cambiare (da come lo abbiamo registrato), ma anche il futuro è "già scritto", perché le traiettorie delle particelle sono già sviluppate in forma completa, e noi possiamo solo scoprire quale sarà la loro evoluzione futura (man mano che il nostro sistema di riferimento si sposta lungo la direzione temporale), senza poter influire su di essa.

Questo sarebbe vero se quelle che abbiamo chiamato particelle-filo fossero oggetti rigidi e immobili nello spazio-tempo. Questi "fili" spazio-temporali, però, potrebbero vibrare, oscillare nel piano $(x, t)$ della Fig. 4.1 (in realtà *dovrebbero* farlo per effetto delle fluttuazioni quantistiche); inoltre, interagendo tra loro in seguito a queste fluttuazioni, potrebbero anche cambiare forma, posizione, lunghezza, dando luogo così a una distribuzione di materia e di energia che cambia continuamente, a livello microscopico, sia verso il futuro che verso il passato. Usando una semplice analogia, potremmo immaginare lo spazio-tempo pieno di particelle-filo come un prato pieno di fili d'erba, scompigliato dal vento: nel suo complesso è un blocco unico, solido e immobile, ma gli steli d'erba che lo compongono continuamente ondeggiano, si intersecano e intrecciano tra loro, formando configurazioni sempre diverse.

Queste fluttuazioni intrinseche del tessuto spazio-temporale sono di tipo quantistico e microscopico. Non è escluso, però, che potrebbero occasionalmente sommarsi in modo coerente per produrre variazioni macroscopiche, in generale ovunque, e quindi, in particolare, anche nelle regioni classificate come futuro e come passato di ogni

---

[4]Questo scenario viene anche chiamato *Block Universe*, ossia Universo-blocco, o Universo "congelato". Si veda ad esempio P. C. W. Davies [30].

[5]Si veda anche la discussione di J. B. Barbour [31].

osservatore. In questo caso non solo il futuro diventerebbe variabile, imprevedibile, influenzabile dagli eventi precedenti, ma anche il passato non sarebbe immutabile. Se fosse così, potremmo verificarlo in qualche modo, diretto o indiretto?

La risposta sembrerebbe negativa. Ovviamente non possiamo tornare indietro nel tempo per vedere se qualcosa è cambiato (le leggi della dinamica relativistica non ce lo permettono, perché dovremmo muoverci con velocità superiori a quelle della luce). Osservatori diversi da noi potrebbero avere esperienza di un passato diverso da quello che noi stessi abbiamo registrato, ma anche in quel caso non ce lo potrebbero comunicare (sempre per effetto delle leggi relativistiche[6]).

Potremmo noi stessi ricevere dal passato segnali che ci informino dei cambiamenti? In principio sì, ma non verrebbero interpretati come cambiamenti: essendo ricevuti successivamente alle informazioni iniziali, sarebbero stati emessi da posizioni spaziali diverse e più lontane, e dunque non cancellerebbero le vecchie informazioni ma si aggiungerebbero come ulteriori specificazioni dello stato passato che stiamo registrando.

Saremmo tentati di concludere, quindi, che il passato può cambiare ma, purtroppo (o per fortuna!), solo "a nostra insaputa", e comunque sempre in modo fisicamente irrilevante. Eppure, forse non è proprio così.

Un recente approccio al problema dell'energia oscura e della costante cosmologica (si veda il paragrafo 3.3) si basa infatti su di un modello[7] in cui la densità di energia del vuoto ha sempre un valore costante $\Lambda$, ma il valore della costante $\Lambda$ che compare nelle equazioni (classiche) gravitazionali è diverso a seconda dell'epoca considerata per calcolarla!

Se la calcoliamo oggi, al tempo $t_0$, troviamo ad esempio il valore $\Lambda_0$ costante, e abbiamo un modello d'Universo in cui oggi la costante cosmologica è dominante mentre in passato, ad esempio all'epoca $t_1 < t_0$, il suo valore era trascurabile. Ma se la calcoliamo in passato all'epoca $t_1$ troviamo un diverso valore costante $\Lambda_1$, e un diverso

---

[6] Per motivi cinematici o geometrici sarebbero "causalmente disconnessi" da noi, ossia non potrebbero inviarci informazioni o segnali che non superino la velocità della luce.

[7] Illustrato in un recente lavoro di J. D. Barrow and D. J. Shaw [32].

modello d'Universo in cui la costante cosmologica risulta dominante all'epoca $t_1$, e in precedenza trascurabile. E così via.

In questo contesto, dunque, il passato – perlomeno a livello cosmologico – non è immutabile, nel senso che (citando letteralmente il lavoro di Barrow e Shaw) "noi non vediamo il passato come l'avrebbe visto un osservatore del passato". Lo scenario è simile a quello dello spazio-tempo globalmente bloccato ma localmente fluttuante di cui parlavamo prima, con una sola differenza: le traiettorie classiche che fluttuano, in questo caso, non sono quelle che descrivono l'evoluzione di una singola particella, ma quelle che descrivono l'evoluzione globale di tutto un Universo caratterizzato da una costante cosmologica $\Lambda$.

Il fatto che questo scenario ammetta una formulazione matematica rigorosa, consistente con le leggi relativistiche e quantistiche, e che possa essere sottoposto a verifiche sperimentali dirette, significa che forse anche l'idea di un passato variabile può essere seriamente (e fruttuosamente) considerata nel contesto della fisica moderna.

### 4.1.1  Il tempo e la memoria

Prendiamo per un momento sul serio l'idea che abbiamo discusso, ossia la possibilità che il passato "esiste ancora", in una forma non necessariamente identica a quella che abbiamo registrato, e che il futuro "esiste già", in una forma non necessariamente identica a quella che conosceremo. Questo perché la Natura (o l'Universo, o la realtà fisica, usiamo pure il termine che più ci piace) è completamente sviluppata non solo nello spazio ma anche nel tempo, e si trova in uno stato di continua evoluzione, movimento, trasformazione. Ne consegue allora l'esistenza di uno stretto legame tra quella grandezza fisica che chiamiamo "tempo" e quella funzione del nostro cervello che chiamiamo "memoria".

Va detto, infatti, che la fisica – che è una costruzione dell'uomo – descrive la Natura come essa è percepita dagli esseri umani, e fornisce quindi una descrizione fortemente ancorata ai nostri sensi (oltre che ai nostri strumenti), e fortemente correlata al funzionamento del nostro cervello. Se noi non avessimo memoria, in particolare, vivremmo in un tempo statico, o eterno presente. È la nostra memoria che sta alla base del concetto di tempo che passa, della distinzione tra passato e futuro, e della descrizione del movimento.

Proviamo ad immaginare, ad esempio, una razza di alieni senza memoria, che vive perennemente in uno stato di letargo che gli permette di svegliarsi solo per pochi brevi istanti tutte le notti a mezzanotte. Negli istanti di veglia i loro astronomi scrutano il cielo, e registrano la posizione degli astri (ad esempio, la posizione della luna rispetto alle stelle) sui loro libri, per poi riaddormentarsi immediatamente. La sera successiva, osservando la luna in una nuova posizione, e confrontandola con quella riportata sui libri, potrebbero concludere – essendo senza memoria – che la registrazione presente sui libri (fatta da chissà chi!) si riferisce certamente a un Universo che non è il loro, perché contiene astri in posizioni completamente diverse.

La nostra memoria (e solo essa) ci farebbe invece concludere che le due diverse osservazioni si riferiscono allo stesso Universo, visto in tempi diversi. Qual è la conclusione giusta? O sono forse entrambe possibili e accettabili? Stiamo anche noi entrando, istante per istante, in una serie – continua o forse discreta – di Universi statici, ognuno dei quali differisce in modo infinitesimo da quello adiacente? È il concetto di moto solo un'illusione dovuta a questo cambio di Universi? È possibile che osservatori diversi attraversino successioni di Universi statici diversi? Potremmo forse, svincolandoci dai condizionamenti della nostra memoria, sviluppare una descrizione fisica di livello superiore, che – in particolare – ci permetta di comprendere meglio il significato del tempo?

Sono domande (per ora) senza risposta. Dovremmo ricordare, però, che solo abbandonando i condizionamenti dei sensi siamo riusciti a immaginare e a includere negli attuali modelli fisici le dimensioni *extra* dello spazio, che i nostri sensi non concepiscono e i nostri strumenti (ancora) non registrano.

### 4.1.2 Il tempo: una proprietà intrinseca dei corpi?

La moderna fisica relativistica non utilizza separatamente i concetti di spazio e di tempo, ma descrive l'Universo come una "varietà spazio-temporale" facendo uso di un modello (introdotto più di un secolo fa da Minkowski) nel quale i due concetti vengono fusi in un'unica rappresentazione geometrica: lo spazio-tempo.

L'uso di questa rappresentazione geometrica unificata ha enormemente facilitato la descrizione dei processi relativistici e la formulazione di una soddisfacente teoria gravitazionale (la relatività generale). Si può dire, senza timore di smentite, che il modello di spazio-tempo geometrico rappresenta una delle conquiste più importanti e durature della fisica del Novecento.

Ciononostante non dovremmo mai dimenticare che lo spazio e il tempo, al di là di questa conveniente unificazione formale, rimangono due grandezze fisiche distinte e profondamente diverse tra loro. Basti pensare, ad esempio, che due corpi distinti (o due osservatori distinti) possono essere in contatto istantaneo nello *stesso punto dello spazio*, pur essendo caratterizzati da *tempi propri differenti* (l'inverso invece non è possibile).

Possiamo citare, come esempio di questo effetto, il famoso risultato relativistico noto come "paradosso dei gemelli". Due gemelli, di età ovviamente identica, si separano a Roma e si riabbracciano in seguito a Milano, dopo che uno dei due ha effettuato un lungo viaggio intorno al mondo, mentre l'altro lo ha atteso a Milano senza più spostarsi dopo il trasferimento. Quando si incontrano, il gemello che ha viaggiato più a lungo risulta più giovane dell'altro! Sono dunque innegabilmente nella stessa posizione spaziale (a Milano), ma sono caratterizzati da tempi propri differenti.

Questo suggerisce (detto in termini semplici) che lo spazio sia qualcosa di "esterno" ai corpi, una proprietà della Natura che esiste indipendentemente dai singoli corpi (e che permette di stabilire interazioni tra corpi diversi), mentre il tempo sia una proprietà "interna" (o intrinseca) dei corpi stessi (come la carica, la massa, ecc.). A conferma di questa particolare interpretazione – il tempo come proprietà intrinseca dei corpi materiali e delle particelle che li compongono – c'è una curiosa analogia con la carica elettrica che vale la pena di sottolineare.

È ben noto che particelle e antiparticelle hanno cariche uguali in valore assoluto ma di segno opposto: l'elettrone, ad esempio, ha carica negativa $-e$, l'antielettrone (o positrone) ha carica positiva $+e$. È anche ben noto che nei diagrammi spazio-temporali di Feynman (che descrivono in modo simbolico i processi quantistici elementari) particelle e antiparticelle vanno rappresentate, per ragioni di simmetria, come oggetti che si propagano in direzioni spazio-temporali opposte (si veda la Fig. 4.2). D'altra parte, ogni oggetto massivo im-

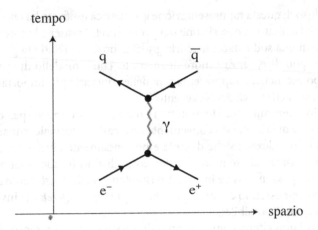

tempo

spazio

**Fig. 4.2** Esempio di grafico di Feynman: un elettrone $(e^-)$ e un positrone $(e^+)$ si scontrano, si annichilano emettendo un fotone virtuale $\gamma$, il quale a sua volta produce una coppia formata da una nuova particella $(q)$ e dalla sua antiparticella $(\bar{q})$. Le frecce indicano la direzione del flusso spazio-temporale, che è positivo (verso l'alto) per le particelle $(e^-, q)$, e negativo per le antiparticelle $(e^+, \bar{q})$

merso nello spazio-tempo è caratterizzato da una "velocità effettiva" spazio-temporale[8] il cui modulo (in accordo alle leggi relativistiche) è costante, uguale per tutti e pari alla velocità della luce $c$. Possiamo allora associare a una particella a riposo una "velocità temporale" (o flusso di tempo proprio) pari a $+c$, e a una antiparticella (prima di applicare il principio di interpretazione di Feynman-Stueckelberg[9]) una velocità temporale $-c$.

Ricordiamo ora che le particelle di massa nulla (come il fotone) hanno carica elettrica esattamente nulla e anche una effettiva velocità spazio-temporale (ossia, una tangente alla loro traiettoria) di modulo nullo (per essere in accordo con le leggi relativistiche). È facile allora concludere che, così come la carica delle particelle elementari è quantizzata e può assumere i valori $+e$, 0, $-e$ (e corrispondenti multipli), anche il modulo della velocità di scorrimento temporale sembrerebbe essere quantizzato, con valori permessi

---

[8]Ci stiamo riferendo al cosiddetto quadri-vettore velocità (o al corrispondente quadri-vettore quantità di moto) che rappresenta, geometricamente, la tangente alla linea d'Universo della particella.

[9]In base a questo principio, una antiparticella di energia positiva corrisponde a una particella di energia negativa che si propaga all'indietro nel tempo.

$+c$, $0$, $-c$. In entrambi i casi particelle e antiparticelle hanno valori uguali e opposti delle quantità considerate, e in entrambi i casi il valore zero è associato a particelle di massa nulla. Una coincidenza notevole! Forse la Natura ci sta dicendo qualcosa di importante?

Se prendiamo sul serio l'analogia tra carica e velocità di scorrimento del tempo proprio, e ricordiamo che la carica può esistere in Natura come multiplo intero dell'unità elementare $\pm e$, potremmo chiederci se esistono in natura particelle (o oggetti d'altro tipo) il cui modulo della velocità spazio-temporale è multiplo di $c$. O anche, ricordando l'esistenza di particelle con cariche elettriche frazionarie – i cosiddetti *quarks*, con cariche $\pm(1/3)e$ e $\pm(2/3)e$ – potremmo chiederci se esistono i corrispondenti "*quarks* temporali", con velocità spazio-temporale di modulo pari a una frazione di $c$.

Nel primo caso la risposta dovrebbe essere negativa, perché particelle con velocità superiori a quelle della luce (i cosiddetti "tachioni") potrebbero violare il principio di causalità e le regole di base della meccanica quantistica-relativistica (che attualmente è in ottimo accordo con gli esperimenti).

La risposta sembrerebbe essere negativa anche nel secondo caso, perché se esistono particelle per le quali la velocità limite è inferiore a $c$, allora dovrebbero esistere anche particelle di massa nulla che si propagano a velocità inferiori a quelle della luce.

Dobbiamo ricordare, però, che è impossibile osservare dei singoli *quarks* con carica frazionaria allo stato libero, perché queste particelle esistono solo come stati legati, rigidamente confinati all'interno delle particelle pesanti (come il protone) delle quali rappresentano i componenti fondamentali. Anche i "*quarks* temporali", dunque, potrebbero essere finora sfuggiti alla nostra osservazione perché fortemente legati tra loro e confinati in qualche configurazione, altamente energetica, che non siamo ancora riusciti a scindere nei suoi componenti.

Dovremmo osservare, infine, che c'è anche un'altra possibile analogia che riguarda l'eventuale quantizzazione della velocità di scorrimento del tempo proprio[10].

---

[10]Sono grato al collega Paolo Cea per una interessante discussione su questo punto.

La meccanica quantistica ci insegna che la velocità spaziale di una particella risulta quantizzata quando la particella può muoversi solo entro una regione di spazio di estensione finita, limitata da barriere fisiche invalicabili. Si pensi, ad esempio, a una particella confinata all'interno di un contenitore ermeticamente chiuso, dalle pareti impenetrabili: in quel caso la particella può assumere solo valori che sono multipli interi di una quantità inversamente proporzionale alla larghezza del contenitore.

Allo stesso modo, la velocità di scorrimento temporale (ovvero, più precisamente, la componente temporale del quadri-vettore velocità di una particella a riposo) potrebbe risultare quantizzata perché la particella può esistere solo all'interno di un intervallo temporale di estensione limitata. Forse, chissà, anche la durata dei sistemi fisici elementari come un elettrone o un protone non è eterna (neanche in linea di principio, come invece attualmente crediamo) perché, anche nel tempo, la Natura ha imposto anche per loro dei confini invalicabili.

## 4.2 Forse lo spazio-tempo non è unico?

Se il tempo è una proprietà intrinseca dei corpi, e se ogni particella, o corpo di prova, ha il suo tempo proprio "privato", forse anche lo spazio-tempo non è qualcosa di unico e assoluto, ma di relativo alle proprietà intrinseche del corpo (o dell'osservatore) che viene preso come riferimento.

Nel contesto della fisica relativistica è ben noto che la nozione di spazio è intrinsecamente collegata allo stato di moto dei vari osservatori: ognuno di essi identifica lo spazio (ovvero il luogo degli eventi simultanei) con l'ipersuperficie a tre dimensioni che risulta, istante per istante, ortogonale alla propria traiettoria spazio-temporale (o linea d'Universo). Osservatori (o particelle) diverse, con diverse traiettorie, hanno uno spazio "proprio" che corrisponde a diverse sezioni tridimensionali dello spazio-tempo. In presenza di forze gravitazionali queste diverse sezioni spaziali possono anche essere caratterizzate da geometrie diverse.

Allo stesso modo, se lo spazio-tempo è una membrana, ovvero una "fetta" a quattro dimensioni di un Universo multidimensionale, ci potrebbero essere particelle che incurvano diversamente le loro traiettorie sotto l'azione delle forze presenti nello spazio multidimensionale, e che "vivono" in sezioni spazio-temporali diverse dalle nostre.

Possono intersecarsi, o interagire tra loro, queste diverse versione di spazio-tempo? Nel modello delle membrane suggerito dalla teoria delle stringhe la cosa è possibile. In quel caso le forze che si esercitano attraverso le dimensioni *extra*, tra uno spazio-tempo e l'altro, sono dovute a interazioni gravitazionali generalizzate trasmesse dai gravitoni, dai dilatoni, e da altri strani componenti chiamati "campi antisimmetrici" che estendono le forze di tipo elettromagnetico al caso di oggetti estesi come le membrane (si veda in particolare il paragrafo 6.2).

Sezioni spazio-temporali diverse possono essere caratterizzate da geometrie diverse. Ma anche nel contesto della stessa sezione spazio-temporale è possibile che particelle diverse risentano di geometrie diverse[11] e quindi, a tutti gli effetti fisici, "vivano" in spazi-tempi fisicamente differenti[12].

Un esempio di questo effetto è fornito dalla teoria delle stringhe, che prevede un sostanziale contributo del dilatone alla forza gravitazionale effettiva. Particelle che hanno una diversa carica diatonica rispondono dunque alla gravità in modo diverso e – se vengono usate come "sonde" esplorative – disegnano una diversa "mappa" geometrica dello spazio-tempo, proprio come se fossero corpi di prova immersi in spazi-tempi diversi. In questo contesto, e in altri contesti simili, si può dire allora che a ogni particella (o classe di particelle con le stesse proprietà di interazione) è associata una particolare struttura spazio-temporale "propria".

Come interpretare geometricamente questo spazio-tempo proprio? Così come lo spazio proprio tridimensionale di ogni particella (o osservatore) si ottiene proiettando gli eventi sull'ipersuperficie ortogonale al loro flusso di velocità (virtuale) nello spazio-tempo, allo stesso modo lo spazio-tempo "proprio" potrebbe corrispondere alla proiezione degli eventi sulla membrana (a quattro dimensioni) ortogonale al loro flusso di velocità (virtuale) in un opportuno spazio multidimensionale esterno.

---

[11] Qui "diverse" significa, in particolare, geometrie "non diffeomorfiche", ossia non riconducibili l'una all'altra mediante trasformazioni di coordinate differenziabili e invertibili.

[12] Si veda ad esempio il lavoro di N. Kaloper e K. A. Olive [33].

Che tipo di proprietà dovrebbe avere questo spazio esterno multi-dimensionale? Ci sono varie possibilità. Possiamo supporre, ad esempio, che il flusso di velocità nello spazio esterno sia direttamente collegato al moto della particella nell'ordinario spazio tridimensionale, e descrivere lo spazio-tempo come una membrana immersa nel cosiddetto "spazio delle fasi"[13]. In questo caso si ottiene un interessante schema geometrico caratterizzato, oltre che dalla presenza di una velocità limite (tipica del modello di spazio-tempo relativistico) anche dalla presenza di una *accelerazione limite*.

Ma il flusso di velocità nello spazio esterno potrebbe essere completamente scollegato dal moto nello spazio tridimensionale, e dipendere, invece, dalle proprietà intrinseche della particella (come la sua carica dilatonica). In questo caso si avrebbe comunque una situazione in cui blocchi di materia con proprietà intrinseche differenti evolvono lungo traiettorie geodetiche[14] differenti, attraversano percorsi spazio-temporali diversi, e sono dunque soggetti a diversi destini finali.

### 4.2.1 Singolarità "relative"

Se la geometria dello spazio-tempo non è assoluta ma relativa al corpo di prova considerato, allora anche importanti proprietà geometriche come la presenza (o l'assenza) di singolarità, la completezza geodetica[15], ecc., diventano nozioni relative all'osservatore e al particolare tipo di "sonda" usato per esplorare lo spazio-tempo.

Le eventuali singolarità di uno spazio-tempo, infatti, sono completamente determinate dalla sua struttura geodetica. Se tale struttura non è assoluta e univoca diventa possibile, in particolare, che la geometria risulti singolare per una certa classe di osservatori, e regolare (ossia, senza singolarità) per una diversa classe. Le due diverse geometrie – quella singolare e quella non singolare – non sono col-

---

[13]Si veda ad esempio il lavoro di rassegna di E. Caianiello [34]. Lo spazio delle fasi è uno spazio multidimensionale nel quale il numero di dimensioni è raddoppiato perché per ogni coordinata spaziale ne viene introdotta anche un'altra rappresentata dal cosiddetto impulso (o quantità di moto) canonicamente coniugato.

[14]Le cosiddette traiettorie geodetiche sono le linee di Universo determinate dalla geometria dello spazio-tempo. L'insieme di tutte le geodetiche identifica uno spazio-tempo e ne caratterizza in modo univoco le proprietà geometriche e fisiche.

[15]Uno spazio-tempo è detto "geodeticamente completo" quando tutte le sue traiettorie geodetiche possono essere arbitrariamente estese, verso il futuro e verso il passato, senza limiti e senza incontrare singolarità.

legabili tra loro mediante trasformazioni di coordinate, ma possono essere legate da trasformazioni "conformi"[16].

Situazioni di questo tipo sono comuni non solo nei modelli basati sulla teoria delle stringhe, ma anche, più in generale, in tutti i modelli nei quali la forza gravitazionale contiene una componente di tipo scalare con proprietà simili a quelle del dilatone.

Per fare un semplice esempio[17] possiamo considerare un modello d'Universo in cui l'energia oscura è rappresentata da un campo scalare dilatonico, la cui energia potenziale risulta attualmente dominante (si veda il paragrafo 3.2.1). La materia barionica, che ha carica dilatonica nulla (o trascurabile), si accoppia al dilatone solo indirettamente tramite l'energia gravitazionale, e si muove lungo le geodetiche della geometria determinata dal dilatone stesso: dunque "vede" uno spazio che si espande in modo accelerato, che diventa sempre meno curvo e più rarefatto, e che non presenta alcuno stato singolare nella sua evoluzione futura.

Materia di altro genere (non barionica, attualmente non dominante, ed eventualmente componente della materia oscura) potrebbe invece accoppiarsi al dilatone in modo diretto tramite una carica dilatonica diversa da zero.

Le linee d'Universo che descrivono l'evoluzione di questa differente materia non sarebbero allora geodetiche della geometria determinata dal dilatone, che chiameremo $\mathcal{G}$, ma geodetiche di un'altra geometria, che chiameremo $\widetilde{\mathcal{G}}$, collegata a $\mathcal{G}$ da una trasformazione conforme. Se la carica dilatonica è negativa e sufficientemente intensa si trova allora che la geometria $\widetilde{\mathcal{G}}$ descrive un Universo che si espande in modo accelerato verso uno stato singolare di curvatura infinita!

La materia esotica che si muove lungo le geodetiche della geometria $\widetilde{\mathcal{G}}$ finirebbe dunque inesorabilmente assorbita da una singolarità futura, mentre la materia che segue le geodetiche della geometria $\mathcal{G}$ resterebbe indenne. Se siamo fatti della materia "giusta", che non ha singolarità nel proprio futuro, e che è destinata al "para-

---

[16]Sono trasformazioni in cui la metrica viene moltiplicata per una arbitraria funzione scalare delle coordinate. Mediante queste trasformazioni è possibile passare da una geometria in cui la traiettoria di un particella non è geodetica, ad un'altra geometria nella quale la stessa traiettoria diventa geodetica.

[17]Questo esempio è stato discusso in un mio lavoro del 2004 [35].

diso" di un'evoluzione infinita, potremmo assistere[18], prima o poi, all'esplosione cosmica della materia "malvagia" che termina la propria esistenza nell'"inferno" della singolarità futura, e scompare per sempre.

Speriamo che non avvenga il contrario!

---

[18] Non noi, ma i nostri discendenti! Perché l'eventuale singolarità futura sarebbe distante nel tempo miliardi di anni.

# 5. Stringhe e interazioni fondamentali

Perché in Natura esistono solo quattro tipi di interazioni fondamentali (quelle gravitazionali, elettromagnetiche, nucleari deboli e nucleari forti)? E perché queste forze si comportano nel modo che conosciamo, ossia perché il campo elettrico obbedisce alla legge di Coulomb, il campo gravitazionale obbedisce alla legge di Newton, e così via per le altre interazioni?

La teoria delle stringhe rappresenta attualmente l'unico schema teorico in grado di rispondere a domande di questo tipo.

Secondo la teoria delle stringhe, infatti, tutti i tipi di particelle esistenti in Natura – e quindi, in particolare, anche il fotone che trasmette le interazioni elettromagnetiche, il gravitone che trasmette quelle gravitazionali, e così via – devono corrispondere a un possibile stato fisico che si ottiene quantizzando le oscillazioni elementari di un stringa. È la versione quantistica del modello di stringa che "decide" quali particelle siano possibili per il nostro mondo e quali no (e dunque quale tipo di interazione possa esistere e quale no).

Se consideriamo lo "spettro" di stati (ossia, l'insieme di tutti i possibili stati) di una stringa quantizzata, ne troviamo uno (nel caso particolare delle stringhe aperte) che rappresenta una particella di massa nulla e spin 1, che si presta perfettamente a essere interpretata come il fotone, mediatore delle forze elettromagnetiche; c'è un altro stato (presente nello spettro delle stringhe chiuse) che rappresenta una particella di massa nulla e spin 2, e che si può interpretare come il gravitone; e così via. Ma non cè nessuno stato che descriva, ad esempio, una particella di massa nulla e spin 3: e infatti non esiste, in Natura, il corrispondente tipo di forza a lungo raggio (che avrebbe proprietà assai poco usuali per la fisica alla quale siamo abituati).

Ma perché le forze esistenti seguono proprio quelle leggi dinamiche che conosciamo, e non altre leggi? Più precisamente, ad esempio, perché il campo elettromagnetico è descritto dalle equazioni di Maxwell e quello gravitazionale della equazioni di Einstein? Tali equazioni sono state introdotte (e vengono tutt'ora usate) perché ben si accordano con gli esperimenti, ma non sono le uniche possibili.

Anche in questo caso la teoria delle stringhe ci sorprende perché, oltre a dirci quali campi di forze possono (e debbono) esistere, ci sa anche dire quali leggi (ossia quali equazioni) devono essere soddisfatte da questi campi. Come può fare questo? Facendo ricorso, anche in questo caso, alla teoria quantistica e alle particolari proprietà fisiche degli oggetti estesi, che cercheremo di illustrare nelle successive sezioni di questo capitolo[1].

## 5.1 Come quantizzare oggetti non-puntiformi

Le stringhe – siano esse aperte, con gli estremi disgiunti, oppure chiuse come piccoli anelli elastici (si veda la Fig. 5.1) – sono oggetti elementari estesi lungo una dimensione spaziale. Come tutti gli oggetti estesi sono sistemi dinamici di tipo "vincolato", e questo rende la loro descrizione quantistica più laboriosa di quella di un oggetto puntiforme (come una particella) o di un campo di forze.

Ogni punto della stringa, infatti, descrive con la sua evoluzione una linea d'Universo. L'insieme di tutte le linee descrive la cosiddetta "superficie d'Universo" a due dimensioni, che può essere aperta,

stringa aperta            stringa chiusa

Fig. 5.1    Esempio di stringa aperta e stringa chiusa

---

[1]In questo capitolo ci limiteremo a una presentazione estremamente qualitativa (anche se il più possibile precisa e dettagliata) dei vari possibili modelli di stringhe e superstringhe. I lettori interessati ad approfondire gli aspetti tecnici e le applicazioni fisiche di tali modelli sono invitati a consultare i testi [36, 37, 38, 39] della bibliografia finale.

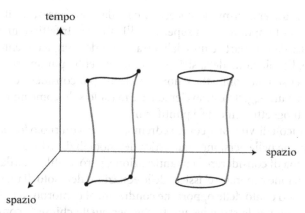

tempo

spazio

spazio

**Fig. 5.2** Esempio di superficie d'Universo per una stringa aperta (a sinistra) e una stringa chiusa (a destra)

oppure chiusa su se stessa come un cilindro, e che rappresenta globalmente la traiettoria spazio-temporale della stringa (si veda la Fig. 5.2).

Per descrivere il moto di una stringa bisogna dunque soddisfare tre requisiti: *i*) fornire la posizione di tutti i suoi punti in funzione del tempo; *ii*) specificare il comportamento dei suoi estremi (che potrebbero essere fissi o liberi di muoversi; *iii*) tener conto della forma (o meglio della geometria) della superficie d'Universo.

Il primo requisito ci porta a scrivere le ordinarie equazioni di Eulero-Lagrange, simili a quelle che si usano per il moto di una particella o l'evoluzione di un campo.

Il secondo requisito richiede che vengano specificate le cosiddette "condizioni al contorno" (di cui abbiamo già parlato nel paragrafo 2.4). Per le stringhe chiuse tali condizioni impongono che la coordinata che specifica la posizione dei punti lungo la stringa sia di tipo "periodico", ossia ritorni allo stesso valore dopo ogni giro. Per le stringhe aperte, invece, tali condizioni impongono che la posizione degli estremi resti fissa (condizione di Dirichlet), oppure, se non è fissa, che gli estremi si muovano in modo che l'energia cinetica non abbandoni la stringa fluendo attraverso gli estremi verso l'esterno (condizione di Neumann).

Il terzo requisito, infine, ci porta a una serie di condizioni (dette "vincoli di Virasoro" [40]) che impongono ai vari punti della stringa di muoversi in modo coerente, così da non "spezzare" il tessuto spazio-temporale della superficie d'Universo. Infatti, se un punto andasse da una parte e uno dall'altra, in modo completamente scorrelato, l'evoluzione della stringa non formerebbe più una superficie bidimensionale compatta, e non potremmo più considerare la stringa come un oggetto esteso elementare ma solo solo come un insieme di tanti oggetti elementari puntiformi.

I vincoli di Virasoro, come vedremo, giocano un ruolo fondamentale anche nella versione quantistica dei modelli di stringa.

Prima di considerare la quantizzazione, però, è utile ricordare che la soluzione generale (classica) delle equazioni del moto di una stringa, tenuto conto delle opportune condizioni al contorno, si può scrivere – sia per le stringhe aperte che per quelle chiuse – come una somma discreta di infiniti termini.

Ognuno di questi termini rappresenta una oscillazione, una piccola "ondicella" che ha frequenza e ampiezza costante, e che si propaga da un estremo all'altro nelle stringhe aperte oppure in circolo (nei due sensi) nelle stringhe chiuse. Le frequenze delle diverse ondicelle assumono valori discreti ed equispaziati tra loro, che variano da zero a infinito. La somma di tutte le ondicelle, pesate da opportune ampiezze, determina lo stato di vibrazione in cui si trova la stringa.

I vincoli di Virasoro, in questo contesto, forniscono una serie (discreta) di infinite condizioni, e ciascuna di queste condizioni, a sua volta, si può scrivere come una somma discreta di infiniti contributi (si vedano, in particolare, i testi di riferimento [36]-[39]). Queste condizioni collegano tra loro le ampiezze di tutte le ondicelle, assicurando che la loro evoluzione spazio-temporale resti confinata sulla superficie d'Universo della stringa. La prima condizione della serie, in particolare, è direttamente collegata all'energia totale della stringa ed esprime l'importante relazione tra la massa della stringa e la sua quantità di moto (relativistica) totale.

Per formulare il modello di stringa in un contesto quantistico bisogna seguire la cosiddetta "procedura canonica", e sostituire le variabili classiche (posizione, quantità di moto), che descrivono il moto della stringa nello spazio-tempo, con appropriati operatori quantistici definiti nel corrispondente spazio di Hilbert[2].

---

[2] È lo spazio i cui elementi sono i vari stati quantistici del sistema fisico considerato.

Applicando le regole di commutazione[3] degli operatori si trova allora che una stringa è equivalente, da un punto di vista quantistico, a un sistema di infiniti oscillatori armonici elementari, ciascuno con la propria frequenza e il proprio spettro (discreto) di livelli energetici. Lo stato generico di una stringa quantizzata si può rappresentare come uno stato contenente un arbitrario numero di oscillatori eccitati, ciascuno dei quali si trova in un ben definito livello energetico. L'insieme di tutte queste (infinite) possibili combinazioni di oscillatori forma il cosiddetto "spazio di Fock", che è un particolare tipo di spazio di Hilbert del sistema.

All'interno di questo spazio di Fock, però, ci sono anche stati che non sono fisicamente realizzabili perché sono associati a probabilità negative (sono gli stati detti *ghosts*, o "fantasmi"). Se non li eliminassimo avremmo un modello che non solo è di difficile interpretazione fisica, ma che è anche in contrasto con i principi fondamentali della meccanica quantistica: in particolare con il principio di "unitarietà", che caratterizza l'evoluzione di un sistema quantistico e che garantisce (tra le altre cose) che la somma di tutte le probabilità dei vari stati sia sempre uguale a uno.

È a questo punto che intervengono provvidenzialmente i vincoli di Virasoro.

Infatti anche gli stati quantistici di una stringa, così come le soluzioni classiche delle equazioni del moto, devono soddisfare le condizioni di Virasoro. Tali condizioni in un contesto quantistico sono rappresentate da opportuni operatori che, agendo sugli stati dello spazio di Fock, selezionano quelli ammissibili per la stringa e quelli no, lasciando solo stati che descrivono oscillazioni lungo direzioni spaziali (usando l'invarianza per trasformazioni di coordinate ci si può sempre ridurre, in particolare, a oscillazioni *trasversali*, ortogonali alla stringa stessa). Vengono così automaticamente eliminati tutti gli stati "fantasma", associati a oscillatori che vibrano in direzione temporale.

Gli operatori di Virasoro, inoltre, fissano i livelli energetici permessi e determinano i valori delle masse associate ai vari stati quantistici. Questo significa, in altri termini, che determinano le masse delle particelle rappresentate dai vari stati della stringa quantizzata.

---

[3] Tali regole ci dicono come cambia l'azione di un prodotto di operatori se invertiamo l'ordine dei fattori.

A questo proposito dobbiamo innanzitutto ricordare che, passando dalle condizioni di Virasoro espresse mediante variabili classiche ai corrispondenti operatori di Virasoro, è necessario "regolarizzare" gli operatori quantistici, ossia sottrarre tutti i possibili termini che danno un contributo infinito. L'operatore che corrisponde al primo termine della serie di Virasoro, e che rappresenta direttamente l'energia totale della stringa, contiene ad esempio la cosiddetta energia "di punto zero"[4] di tutti gli (infiniti) oscillatori quantistici della stringa.

Supponendo che la stringa sia immersa in uno spazio esterno Euclideo, non "incurvato" dalla presenza di un campo gravitazionale, questo contributo energetico infinito può essere correttamente sottratto applicando i metodi formali della teoria dei campi ordinaria. Il risultato che si ottiene – e che sta alla base di tutte le principali applicazioni fisiche della teoria delle stringhe – permette allora di esprimere la massa degli stati quantistici in funzione di tre importanti quantità:

- il numero quantico $N$ (intero e non negativo) che specifica il livello energetico dei vari oscillatori presenti nello stato considerato;

- la tensione (ossia l'energia per unità di lunghezza) della stringa, che è una quantità costante, identica per tutte le stringhe dello stesso modello;

- il numero totale $D$ di dimensioni dello spazio-tempo in cui la stringa è immersa.

La cosa più sorprendente di questo risultato è il fatto che il valore di $D$ *non è arbitrario*, ma rigidamente fissato dal modello di stringa considerato. Vale a dire che la stringa "sceglie" il numero di dimensioni in cui vuole vivere! Non si adatta a uno spazio con un numero di dimensioni diverso, nel senso che se cambiassimo il valore di $D$ prescelto il modello di stringa non sarebbe più consistente con le leggi quantistiche e relativistiche.

È un risultato rivoluzionario perché – visti molti altri importanti esempi – sembrerebbe naturale assumere che i processi fisici fondamentali possono essere ambientati e descritti in uno spazio che ha un

---

[4] È la stessa energia di cui abbiamo già parlato all'inizio del paragrafo 3.3.

numero di dimensioni in principio arbitrario. Per la propagazione di una stringa, invece, non è così. Come si arriva a questa conclusione?

Facciamo un esempio esplicito considerando il modello di una cosiddetta "stringa bosonica", ossia il modello in cui la stringa viene descritta utilizzando solo variabili di tipo bosonico (come le coordinate spazio-temporali dei vari punti della stringa). Concentriamoci, in particolare, sul caso di una stringa aperta, e consideriamo il primo stato eccitato del suo spettro (ossia lo stato caratterizzato dal numero quantico $N = 1$).

Questo stato contiene un singolo modo di oscillazione, ed è rappresentato da un vettore dello spazio-tempo $D$-dimensionale in cui è immersa la stringa. I vincoli di Virasoro impongono, in particolare, che sia un vettore "trasverso", ossia ortogonale al moto della stringa nello spazio-tempo.

D'altra parte − come abbiamo già sottolineato − qualunque stato deve poter descrivere le oscillazioni della stringa lungo le direzioni spaziali ortogonali alla stringa stessa. Tali direzioni (sottraendo quella temporale e quella longitudinale rispetto alla stringa) sono in tutto $D - 2$, e quindi il vettore (che in generale dovrebbe essere caratterizzato da $D$ componenti) possiede in realtà solo $D - 2$ gradi di libertà fisici, e quindi solo $D - 2$ componenti indipendenti.

Ma uno stato vettoriale che da una parte soddisfa alla condizione di trasversalità, e dall'altra ha due componenti indipendenti in meno rispetto al numero totale di dimensioni spazio-temporali, deve essere necessariamente caratterizzato − per le leggi relativistiche − da una velocità di propagazione pari a quella della luce e da una massa nulla. Uno stato vettoriale del genere, per inciso, può essere esattamente identificato con quello che rappresenta il fotone, ossia il quanto delle interazioni elettromagnetiche.

Se guardiamo a questo punto lo spettro di massa quantistico, fornito dai vincoli di Virasoro[5], vediamo allora che lo stato $N = 1$ può essere a massa nulla solo se $D = 26$. Questo modello di stringa è dunque compatibile con la relatività e la meccanica quantistica solo se formulato in uno spazio-tempo con 26 dimensioni.

---

[5]Il lettore interessato alla formula esplicita per la massa di una stringa bosonica in funzione di $D$ e di $N$ può consultare i testi di riferimento [36]-[39] della bibliografia finale.

Allo stesso risultato si può arrivare considerando le stringhe bosoniche di tipo chiuso (anziché aperto). Il loro primo stato eccitato contiene infatti, oltre a un campo scalare (il dilatone) e a un campo antisimmetrico (il cosiddetto "assione"), anche un campo tensoriale che è simmetrico e "trasverso", e che risulta a massa nulla – come richiesto dalle simmetrie relativistiche – solo se $D = 26$, come nel caso precedente. Questo campo tensoriale gode di tutte le proprietà fisiche necessarie per essere identificato con il gravitone, mediatore delle interazioni gravitazionali.

Quindi il modello di stringa bosonica risulta privo di stati "fantasma" (probabilità negativi) grazie ai vincoli di Virasoro; inoltre, i suoi stati eccitati sono consistenti con le leggi quantistiche e relativistiche se il modello è formulato in 26 dimensioni. Infine, contiene nello spettro gli stati necessari a rappresentare le interazioni elettromagnetiche e gravitazionali. Nonostante questi successi purtroppo, però, ha un difetto: il livello fondamentale dello spettro (quello con numero quantico $N = 0$) corrisponde a uno stato la cui massa al quadrato ha un valore negativo. Per questo stato quindi, la massa risulta immaginaria, sia nel caso delle stringhe aperte che in quello delle stringhe chiuse.

Gli stati con massa immaginaria (detti "tachioni") sono problematici, non solo dal punto di vista relativistico (perché corrispondono a una velocità di propagazione superiore a quella della luce) ma anche dal punto di vista quantistico (perché l'ampiezza dello stato cresce esponenzialmente col tempo, rendendo instabile l'intero modello). Vanno dunque rimossi, proprio come gli stati "fantasma", affinché il modello di stringa risulti fisicamente accettabile e consistente con gli schemi teorici attualmente in uso.

Questa rimozione avviene automaticamente nei modelli di stringa supersimmetrici che verranno presentati nel paragrafo successivo.

## 5.2 Supersimmetria e spazio multidimensionale

Lo spettro della stringa bosonica ha un livello fondamentale caratterizzato da un'energia (e una massa al quadrato) negativa. Il livello corrisponde dunque, come già sottolineato, a uno stato tachionico di massa immaginaria. Il livello energetico immediatamente superiore corrisponde a uno stato con massa nulla, e tutti i livelli successivi corrispondono a stati con massa reale e positiva.

Il problema tachionico è dunque confinato al valore negativo del livello energetico più basso. Ricordando che nei sistemi supersimmetrici lo stato di energia minima corrisponde a un livello di energia nulla (si veda il paragrafo 3.3), possiamo cercare di eliminare i tachioni generalizzando il modello di stringa in modo da renderlo supersimmetrico.

A questo scopo osserviamo innanzitutto che per descrivere una stringa ci vogliono due tipi di variabili bosoniche: le coordinate che forniscono la posizione dei vari punti della stringa nello spazio-tempo multidimensionale esterno, e la metrica che rappresenta la geometria della superficie d'Universo. Una versione supersimmetrica del modello di stringa dovrà dunque contenere i *partners* fermionici per ciascuna delle coordinate e, in aggiunta, ulteriori (e distinti) *partners* fermionici per le componenti della metrica.

Tutte le nuove variabili fermioniche devono comportarsi come campi spinoriali (ossia campi che descrivono particelle di spin semi-intero) rispetto alle trasformazioni di coordinate sulla superficie d'Universo. Inoltre, i *partners* delle coordinate devono anche trasformarsi come vettori dello spazio-tempo in cui è immersa la stringa, mentre i *partners* della metrica come tensori definiti sulla superficie d'Universo.

Includendo questi nuovi ingredienti nel vecchio modello bosonico si ottiene un sistema fisico con una struttura geometrica estremamente ricca di simmetrie. In questo modo, infatti, si può costruire un modello che è invariate per trasformazioni di coordinate sulla superficie d'Universo e nello spazio esterno; invariate per lo scambio delle variabili bosoniche e fermioniche (ossia supersimmetrico); invariate per "riscalamento" (ossia dilatazioni o contrazioni locali) della metrica della superficie d'Universo e dei suoi *partners* fermionici. Quest'ultimo tipo di simmetria viene anche chiamato simmetria "superconforme".

Un sistema fisico che gode di tutte queste simmetrie prende il nome di "superstringa" e – come vedremo – risulta compatibile con le leggi quantistiche e relativistiche solo se si muove in uno spazio-tempo che ha $D = 10$ dimensioni. Ma la cosa forse ancor più interessante è che ci sono solo cinque tipi diversi di superstringhe consistenti. Cerchiamo di spiegare perché, e come si arriva a definire questi cinque tipi.

Il moto delle superstringhe, così come quello delle stringhe, va determinato imponendo opportuni vincoli e condizioni al contorno.

I vincoli di Virasoro della stringa bosonica, in particolare, diventano "supervincoli" che coinvolgono sia le variabili bosoniche che quelle fermioniche, mescolandole tra loro. Le condizioni al contorno, invece, vanno separatamente applicate ai due tipi di variabili. Consideriamo innanzitutto le condizioni al contorno. Le condizioni per le variabili bosoniche restano identiche a quelle già discusse nel paragrafo precedente. In più abbiamo quelle per le variabili fermioniche, che possono essere soddisfatte in vari modi[6].

- Nel caso delle superstringhe aperte possiamo imporre che le variabili fermioniche siano periodiche o anti-periodiche, ossia che, passando da un estremo della stringa all'altro, il valore della variabile resti lo stesso o cambi di segno. Nel primo caso si dice che applichiamo condizioni al contorno di Ramond (R), nel secondo caso di Neveau-Schwarz (NS).

- Nel caso delle superstringhe chiuse abbiamo invece quattro possibili scelte, perché la condizione di periodicità o anti-periodicità va imposta, separatamente, sulle vibrazioni che si propagano lungo la stringa in senso orario e su quelle che si propagano in senso opposto. Possiamo quindi avere condizioni al contorno di tipo R-R (entrambe periodiche), oppure di tipo NS-NS (entrambe anti-periodiche), oppure di tipo misto, R-NS o NS-R.

Dobbiamo poi tener conto dei supervincoli di Virasoro. A livello quantistico essi sono rappresentati da operatori che vanno opportunamente regolarizzati, sottraendo tutti i contributi infiniti, applicando le regole di commutazione per le variabili bosoniche e le regole di anti-commutazione per quelle fermioniche. L'azione di questi operatori, come nel caso della stringa bosonica, elimina gli stati "fantasma" e fissa i livelli energetici permessi della superstringa.

Anche gli operatori di Virasoro possono essere separati in parte bosonica e parte fermionica. La parte bosonica è identica a quella del paragrafo precedente. La nuova parte fermionica differisce da quella bosonica in due importanti aspetti: coinvolge anche somme discrete sui numeri semi-interi ($1/2, 3/2, 5/2, \ldots$) e, soprattutto, dipende esplicitamente dalle condizioni al contorno usate.

---

[6]Come mostrato nei lavori di P. Ramond [41] e A. Neveau e J. H. Schwarz [42].

Mettendo insieme la parte bosonica e fermionica, e imponendo i corrispondenti supervincoli di Virasoro, troviamo dunque che lo spettro della superstringa quantistica dipende in generale da vari parametri: oltre alla tensione della stringa e al numero $D$ di dimensioni spazio-temporali abbiamo il numero $N$ che specifica il livello energetico degli oscillatori bosonici, il numero $N_R$ (intero, positivo o nullo) che specifica il livello energetico degli oscillatori fermionici con condizioni al contorno di Ramond (periodiche), e infine il numero $N_{NS}$ (semi-intero, positivo o nullo) che specifica il livello energetico degli oscillatori fermionici con condizioni al contorno di Neveau-Schwarz (anti-periodiche).

La nuova forma dei livelli energetici ci porta immediatamente ad alcuni risultati fisici importanti. In primo luogo, procedendo come nel caso bosonico[7], possiamo determinare che i possibili stati della superstringa quantistica sono compatibili con le leggi relativistiche solo se la stringa si muove in uno spazio-tempo con $D = 10$ dimensioni.

In secondo luogo, vista la dipendenza dalle condizioni al contorno, possiamo concludere che ci sono due diversi tipi di spettro energetico per la superstringa aperta (a seconda che si usi la condizone R o NS), e addirittura quattro tipi di spettro per la superstringa chiusa (a seconda che si usi la condizione R-R o NS-NS o R-NS o NS-R). È importante sottolineare che questi diversi spettri corrispondono a stati con diverse proprietà statistiche. In particolare:

- Nel caso della superstringa aperta gli stati corrispondenti ai livelli NS sono rappresentati da campi che si trasformano come tensori nello spazio esterno in cui è immersa la stringa, e sono quindi dotati, in tale spazio, di proprietà statistiche di tipo bosonico. Gli stati corrispondenti ai livelli R sono invece rappresentati da campi che si trasformano come spinori nello spazio esterno, e sono quindi dotati di proprietà statistiche fermioniche.

- Nel caso della superstringa chiusa gli stati corrispondenti ai livelli R-R e NS-NS sono rappresentati da campi tensoriali e hanno quindi proprietà statistiche bosoniche, mentre gli stati corrispon-

---

[7]Ossia prendendo i livelli che corrispondono a stati di tipo vettoriale o tensoriale, osservando che sono "trasversi", che hanno $D-2$ componenti indipendenti per ogni indice vettoriale, e imponendo che risultino a massa nulla.

denti ai livelli R-NS e NS-R sono rappresentati da campi spinoriali e hanno proprietà statistiche fermioniche.

Vale la pena sottolineare che la presenza di stati che descrivono oggetti spinoriali dello spazio-tempo deca-dimensionale è di cruciale importanza per l'eventuale interpretazione della superstringa quantistica come modello unificato per tutti i campi e tutte le interazioni. I componenti fondamentali della materia microscopica (i cosiddetti *quarks* e i leptoni) sono infatti rappresentati da campi spinoriali. Il modello della superstringa, pur partendo da variabili classiche che si trasformano come vettori nello spazio-tempo esterno e come spinori sulla superficie d'Universo, produce automaticamente – una volta quantizzato – anche stati che si comportano come oggetti spinoriali nello spazio-tempo esterno alla stringa. È dunque un modello capace di descrivere con un unico schema teorico non solo le forze fondamentali della Natura (rappresentate dai campi vettoriali o tensoriali dello spazio-tempo) ma anche le loro sorgenti elementari (rappresentate da campi spinoriali dello spazio-tempo). Una virtù che è unica tra tutti i tentativi di teorie unificate finora proposti.

Il modello di superstringa fin qui illustrato, per quanto promettente, è però ancora insoddisfacente per varie ragioni.

In primo luogo, se consideriamo i vari possibili spettri (per stringhe aperte o chiuse, di tipo R o NS, ecc.), troviamo che alcuni di loro sono caratterizzati da un livello fondamentale con energia nulla, altri da un livello fondamentale con energia negativa, e quindi contengono ancora tachioni. In secondo luogo ci sono alcune inconsistenze statistiche, dovute al fatto che stati di tipo bosonico sono collegati tra loro dall'azione di un numero dispari di operatori che hanno proprietà di tipo fermionico.

In terzo luogo, se confrontiamo il numero di gradi di libertà (ossia di componenti indipendenti) degli stati bosonici presenti negli spettri di tipo NS con il numero di gradi di libertà fermionici presenti negli spettri di tipo R, troviamo che i due numeri sono diversi anche all'interno dello stesso livello energetico. Questo impedisce di realizzare configurazioni che risultino supersimmetriche rispetto alle trasformazioni dello spazio-tempo deca-dimensionale, nonostante il modello sia (a tutti gli effetti) supersimmetrico sulla superficie d'Universo bidimensionale della stringa.

Queste molteplici difficoltà possono essere simultaneamente superate applicando una procedura, detta "proiezione GSO"[8], che "filtra" ulteriormente gli stati della superstringa quantistica.

Questa procedura agisce in due modi: elimina dagli spettri di tipo NS tutti gli stati costruiti applicando allo stato fondamentale un numero dispari di operatori fermionici; inoltre, elimina dagli spettri di tipo R la metà di tutte le componenti fermioniche, lasciando, per ogni campo spinoriale, solo una delle sue due componenti "chirali"[9] (quella positiva o quella negativa).

Queste due condizioni, che possono sembrare ad hoc e arbitrarie se imposte *a posteriori* sullo spettro, emergono in realtà automaticamente (e sono necessarie soddisfatte) se il modello di stringa viene formulato richiedendo fin dall'inizio che la supersimmetria sia valida su tutto lo spazio-tempo (e non solo sulla superficie d'Universo della stringa).

In ogni caso, la "cura" del metodo GSO ha un effetto miracoloso: rimuove i tachioni, fissando a zero il livello energetico dello stato fondamentale per tutti gli spettri; aggiusta le anomalie statistiche menzionate in precedenza; equalizza infine il numero dei gradi di libertà bosonici e fermionici per tutti i livelli energetici, realizzando così un sistema supersimmetrico anche nello spazio-tempo (è questa supersimmetria, per inciso, che elimina i tachioni dallo spettro).

## 5.3 Le cinque superstringhe

Possiamo chiederci, a questo punto, se le condizioni al contorno, i vincoli di Virasoro e le proiezioni GSO fissano completamente il modello, oppure se ci resta ancora qualche scelta arbitraria da effettuare.

---

[8]Dalle iniziali dei nomi di F. Gliozzi, J. Scherk e A. Olive [43].

[9]Ogni spinore può essere sempre decomposto in due componenti, dette chirali, di tipo "destrorso" e "sinistrorso" (o anche di tipo positivo e negativo). Queste due componenti corrispondono a opposte configurazioni fisiche in cui il momento angolare intrinseco del fermione è parallelo o anti-parallelo alla sua direzione di moto. Per descrivere un fermione massivo è necessario includere nel campo spinoriale entrambe le chiralità. Nello spettro della superstringa si possono però rappresentare stati fermionici massivi, anche dopo aver applicato le regole di selezione GSO, combinando insieme gli spinori di opposta chiralità che sono comunque presenti all'interno dei livelli energetici massivi dello spettro.

### 5.3.1 Il tipo IIA e il tipo IIB

Cominciamo con le superstringhe chiuse, e consideriamo in particolare il livello fondamentale (a massa nulla) del settore R-R dello spettro. Quando applichiamo la proiezione GSO, che elimina metà delle componenti fermioniche, possiamo scegliere se lasciare in questo livello due campi spinoriali che hanno *chiralità opposta* oppure *la stessa chiralità*. Nel primo caso il modello di superstringa che si ottiene è detto di tipo IIA, nel secondo caso è detto di tipo IIB. Che differenze ci sono?

Le differenze tra questi due tipi di stringa emergono già a livello dello stato fondamentale se consideriamo i campi fisici (ossia le particelle) rappresentati dai diversi settori (bosonici e fermionici) dello spettro.

Consideriamo innanzitutto i due settori bosonici (R-R e NS-NS). Il livello fondamentale del settore NS-NS è identico per i due tipi di superstringa, e descrive in modo unificato un multipletto di tre campi: un campo scalare (il dilatone), un campo tensoriale (il gravitone) e un campo antisimmetrico[10] di rango 2 (il cosiddetto "assione" di Kalb-Ramond). Il contenuto del settore R-R dipende invece dal tipo di superstringa: nel caso del tipo II A il livello fondamentale contiene un vettore e un campo antisimmetrico di rango 3; nel caso del tipo II B contiene uno scalare, un campo antisimmetrico di rango 2 e uno di rango 4. Il numero di gradi di libertà (ossia di componenti indipendenti) è ovviamente lo stesso nei due casi.

Consideriamo ora i due settori fermionici (R-NS e NS-R). Il livello fondamentale del settore R-NS è lo stesso per i due tipi di superstringa, e contiene due campi spinoriali di identica chiralità (ad esempio positiva): un dilatino (il *partner* supersimmetrico del dilatone, con spin $1/2$) e un gravitino (il *partner* supersimmetrico del gravitone, con spin $3/2$). Il livello fondamentale del settore NS-R, invece, dipende dal tipo di superstringa: abbiamo ancora un dilatino e un gravitino di identica chiralità, ma tale chiralità risulta opposta a quella dell'altro settore (ossia negativa) per il tipo II A, e la stessa dell'altro settore (ossia positiva) per il tipo II B.

---

[10] Un generico campo antisimmetrico di rango $n$ è un campo bosonico che si comporta come un tensore con $n$ indici rispetto alle trasformazioni di coordinate dello spazio-tempo deca-dimensionale, e che gode della seguente proprietà: cambia di segno ogni volta che due qualunque dei suoi indici si scambiano tra loro di posizione. Per un tensore antisimmetrico di rango 3, ad esempio, abbiamo: $A_{\alpha\beta\gamma} = -A_{\beta\alpha\gamma} = -A_{\gamma\beta\alpha} = -A_{\alpha\gamma\beta}$.

Riassumendo il contenuto dei vari settori dello spettro abbiamo che la superstringa di tipo II A, nel suo livello fondamentale, descrive il dilatone, il gravitone, l'assione, un campo vettoriale, un campo antisimmetrico di rango 3, due dilatini e due gravitini di chiralità opposta. La superstringa di tipo II B, invece, descrive il dilatone, il gravitone, l'assione, un campo scalare, due campi antisimmetrici (di rango 2 e 4), due dilatini e due gravitini di chiralità identica.

Questi due tipi di superstringa chiusa includono sicuramente i campi necessari a descrivere l'interazione gravitazionale (e lo fanno anche in un modo elegantemente supersimmetrico). Ma i campi che descrivono le altre interazioni fondamentali? I cosiddetti campi di *gauge*, Abeliani e non-Abeliani (si veda il paragrafo 2.3.2), non sembrano essere presenti. È a questo proposito che – per fortuna – ci vengono in aiuto le superstringhe *aperte*.

### 5.3.2 La superstringa di tipo I

Le superstringhe aperte, infatti possono essere dotate di "cariche" puntiformi (elettriche, nucleari, o di altro genere), localizzate sulle due estremità della stringa, che fanno da sorgenti ai campi di *gauge* corrispondenti a opportuni gruppi di simmetrie. Il tipo di gruppo permesso, e il tipo di interazione corrispondente, dipende da una proprietà chiamata "orientazione" della stringa.

Dobbiamo ricordare, a questo proposito, che un modello di stringa (aperta o chiusa) si dice "non-orientato" se risulta invariate rispetto alla trasformazione che cambia di segno la coordinata che specifica la posizione spaziale dei vari punti della stringa sulla superficie d'Universo. Perciò, una stringa quantistica non-orientata contiene solo gli stati invarianti per tale trasformazione, mentre una stringa orientata contiene anche quelli non invarianti.

Usando stringhe aperte, orientate oppure no, possiamo descrivere le interazioni associate a diversi gruppi di *gauge* che risultano, in generale, di tipo non-Abeliano. Un modello quantistico consistente, però, non può contenere solo stringhe aperte, perché le estremità della stringa potrebbero spontaneamente unirsi e chiudersi: il modello deve quindi contenere anche le stringhe chiuse. Possiamo mettere insieme stringhe aperte e chiuse in un modello supersimmetrico e quantisticamente consistente? Dipende dalle proprietè di "orientazione" delle stringhe.

Stringhe chiuse e aperte entrambe orientate, ad esempio, non possono coesistere perché corrispondono a due diversi schemi supersimmetrici: le superstringhe chiuse, come abbiamo visto, descrivono un modello supersimmetrico con due gravitini, mentre lo spettro delle superstringhe aperte contiene un solo gravitino. Per includere nello stesso modello stringhe chiuse e aperte dobbiamo "tagliare" lo spettro delle superstringhe chiuse eliminando il gravitino in più: ma una tale operazione, fatta in modo corretto (ossia consistente con la meccanica quantistica e la supersimmetria), equivale proprio a richiedere che la superstringa chiusa sia *non-orientata*.

Nel modello che cerchiamo, dunque, le superstringhe aperte devono far coppia con superstringhe chiuse non-orientate, ossia con stringhe chiuse invariati rispetto a riflessioni della coordinata spaziale sulla superficie d'Universo. Una tale proprietà di invarianza può essere soddisfatta dalle superstringhe di tipo II B (che hanno uno spettro con spinori della stessa chiralità), ma non da quelle di tipo II A (che hanno uno spettro con spinori di chiralità opposta). Perciò, dobbiamo necessariamente unire alle superstringhe aperte le superstringhe chiuse e non orientate di tipo II B.

Le superstringhe chiuse e non orientate di tipo II B, d'altra parte, soffrono di problemi formali dovuti alla presenza di divergenze e anomalie quantistiche[11]. Tali problemi possono essere eliminati solo mediante l'accoppiamento a superstringhe aperte le cui estremità sono cariche rispetto al campo di *gauge* non-Abeliano del gruppo di simmetria[12] $SO(32)$ (si vedano i testi [36]-[39] per maggiori dettagli). Ma questo particolare gruppo di simmetrie è compatibile con le superstringhe aperte solo se anch'esse sono di tipo non-orientato!

Riassumendo, è possibile formulare un modello supersimmetrico e quantisticamente consistente che contiene stringhe aperte e stringhe chiuse di tipo II B, entrambe non-orientate. Il modello descrive − in modo unificato e in 10 dimensioni − l'interazione gravitazionale e le interazioni trasmesse dal campo di *gauge* del gruppo non-Abeliano $SO(32)$. Tale modello viene chiamato "superstringa di tipo I" (si veda lo schema di Fig. 5.3).

---

[11] Si dice che un modello presenta una "anomalia quantistica" quando una simmetria, presente a livello classico, viene violata dalla versione quantistica del modello.

[12] È il gruppo che rappresenta tutte le possibili rotazioni che si possono effettuare in uno spazio Euclideo con 32 dimensioni.

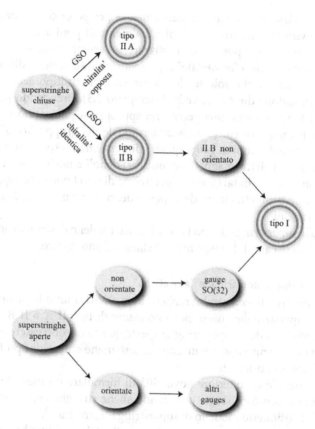

**Fig. 5.3** Uno schematico "albero genealogico" per la superstringa di tipo I, frutto dell'unione tra due particolari sottospecie di stringhe chiuse e stringhe aperte

Se guardiamo allo spettro energetico di questa superstringa troviamo, in particolare, che il livello fondamentale (che ha energia nulla) descrive i seguenti campi: il dilatone, il gravitone, un solo campo antisimmetrico di rango 2, un dilatino e un gravitino di identica chiralità, e infine un campo vettoriale di *gauge* per il gruppo $SO(32)$ con il corrispondente *partner* supersimmetrico (il cosiddetto "gaugino", di spin $1/2$).

È importante sottolineare che tutti questi campi sono definiti in uno spazio-tempo a 10 dimensioni, e che il modello va dunque "ridotto dimensionalmente" da 10 a 4 dimensioni per poterlo applicare al nostro Universo quadri-dimensionale, e per poter confrontare le sue previsioni con le osservazioni attualmente disponibili.

A questo scopo potremmo ipotizzare, ad esempio, che 6 dimensioni spaziali siano "arrotolate" e compattificate su scale di distanze molto piccole, e che solo le altre 4 dimensioni risultino accessibili all'osservazione diretta (si veda il paragrafo 2.3). Prendendo per le dimensioni compatte una geometria appropriata potremmo trovare che il campo di *gauge* deca-dimensionale del gruppo $SO(32)$ si scompone nei campi di *gauge* quadri-dimensionali responsabili delle interazioni elettromagnetiche, nucleari deboli e nucleari forti che ben conosciamo. In tal caso la superstringa di tipo I potrebbe rappresentare un promettente modello per la descrizione unificata di tutte le interazioni.

Ma la superstringa di tipo I non è l'unico modello di stringa capace di includere campi di *gauge* non-Abeliani nel suo spettro.

### 5.3.3 Le due superstringhe "eterotiche"

I casi discussi finora sembrerebbero aver esaurito tutte le possibilità. Le superstringhe chiuse possono essere di tipo II A o II B, e se vogliamo includere superstringhe aperte queste devono essere non-orientate, e vanno combinate con superstringhe chiuse di tipo II B, anch'esse non orientate.

Eppure, c'è un'ulteriore possibilità di formulare un modello supersimmetrico consistente utilizzando anche stringhe chiuse *orientate*: è il cosiddetto modello di superstringa "eterotica"[13].

Ricordiamo, a questo proposito, che nella stringa chiusa bosonica ci sono oscillazioni che si propagano lungo la stringa in un senso e altre che si propagano in senso opposto (possiamo distinguerle riferendoci al verso orario e antiorario oppure – come si usa normalmente – al tipo "destrorso" e "sinistrorso"). Supponiamo allora di supersimmetrizzare (ossia di appaiare ai necessari *partners* fermionici) *solo metà* di queste oscillazioni (ad esempio quelle destrorse), e di lasciare le altre (sinistrorse) solo bosoniche.

Le oscillazioni bosoniche, per una quantizzazione consistente, hanno bisogno di uno spazio-tempo con 26 dimensioni. Quelle supersimmetriche necessitano invece di uno spazio-tempo con 10 dimen-

---

[13]Questo nome, che deriva dal greco, indica che si uniscono cose diverse e apparentemente incompatibili.

sioni: quindi, per consistenza, oscilleranno in un sottospazio dello spazio-tempo totale che, oltre alla dimensione temporale, ha solo 9 dimensioni spaziali.

Le restanti 16 dimensioni spaziali servono solo alle oscillazioni bosoniche sinistrorse, e possono essere compattificate con una geometria opportuna. Ricordando la discussione del paragrafo 2.3.2 possiamo osservare, in particolare, che la geometria di queste dimensioni *extra* deve avere curvatura di Ricci nulla se vogliamo che le altre 10 dimensioni, in cui "vive" la parte supersimmetrica della stringa, restino piatte e infinitamente estese.

Le coordinate bosoniche corrispondenti alle 16 dimensioni compatte vanno quantizzate imponendo appropriate condizioni al contorno. E qui abbiamo due possibilità, dovute al fatto che le oscillazioni delle 16 coordinate bosoniche che si propagano in modo sinistrorso lungo la stringa chiusa sono equivalenti (per quel che riguarda gli effetti quantistici sulla superficie d'Universo) alle oscillazioni di 32 campi spinoriali, reali e di chiralità fissata[14].

Se imponiamo su tutti e 32 gli spinori le stesse condizioni al contorno (per esempio, le condizioni di periodicità), abbiamo evidentemente un modello che risulta invariate rispetto alle trasformazioni del gruppo $SO(32)$, che scambiano tutti gli spinori tra di loro. C'è solo un'altra possibile condizione al contorno che risulta consistente, che è quella di dividere gli spinori in due gruppi di 16 e imporre condizioni al contorno periodiche su di un gruppo e anti-periodiche sull'altro. Si ottiene allora una configurazione che risulta invariate rispetto alle trasformazioni del gruppo[15] $E_8 \times E_8$.

Nel primo caso si ottiene il tipo di superstringa eterotica che contiene i campi di *gauge* del gruppo $SO(32)$. Nel secondo caso il tipo di superstringa eterotica con i campi di gauge del gruppo $E_8 \times E_8$. La relazione tra i due modelli di stringa è riassunta e schematizzata nella Fig. 5.4.

Come si distinguono questi due tipi di stringa eterotica dai modelli di superstringa considerati in precedenza?

Se guardiamo ai campi fisici descritti dallo stato fondamentale delle stringhe eterotiche (il livello con energia nulla), troviamo il dila-

---

[14]Campi di questo tipo vengono detti "spinori di Weyl-Majorana".

[15]Il gruppo $E_n$ è il gruppo che rappresenta tutte le possibili traslazioni e rotazioni che si possono effettuare in uno spazio Euclideo $n$-dimensionale.

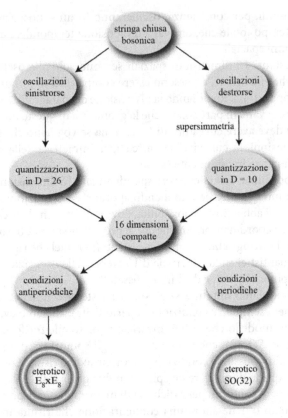

**Fig. 5.4** L'"albero genealogico" delle due possibili superstringhe eterotiche, con campi di *gauge* associati ai gruppi di simmetria $SO(32)$ oppure $E_8 \times E_8$. Hanno gli stessi "progenitori", ma si distinguono per le condizioni al contorno imposte sulle dimensioni compatte

tone, il gravitone, un campo antisimmetrico di rango 2, il dilatino, il gravitino, il vettore di *gauge* e il gaugino: il contenuto è esattamente uguale a quello della superstringa di tipo I, con l'unica differenza che il gruppo di *gauge* può essere $SO(32)$ oppure $E_8 \times E_8$.

Se guardiamo alle interazioni reciproche di questi campi, però, si trova che la situazione fisica è differente: il dilatone si accoppia in modo diverso al campo di *gauge* e al campo antisimmetrico. Ciononostante, è interessante notare che si può passare dalla superstringa di tipo I a quella eterotica con una opportuna trasformazione conforme della geometria e con un cambio di segno del campo dilatonico.

Il cambio di segno, in particolare, equivale ad invertire il valore della costante di accoppiamento effettiva che controlla le interazioni delle stringhe[16]: l'inversione fa passare da un grande valore a un piccolo valore (o viceversa), e quindi da un accoppiamento intenso a uno debole (o viceversa). Questo suggerisce che la superstringa di tipo I e quella eterotica siano tra loro complementari, nel senso che i fenomeni fisici descritti da una delle due stringhe nel regime di forte interazione vengano descritti dall'altra nel regime opposto di interazione debole (il cosiddetto regime perturbativo), e viceversa[17].

Notiamo infine che anche la superstringa eterotica, come quella di tipo I, può essere usata per una descrizione unificata di tutte le interazioni grazie al campo di *gauge* vettoriale presente nel suo spettro. Un modello realistico richiede ovviamente un'appropriata compattificazione di 6 ulteriori dimensioni, necessaria a riottenere l'ordinario spazio-tempo quadri-dimensionale. In questo contesto, la superstringa eterotica con gruppo di *gauge* $E_8 \times E_8$, e con 6 dimensioni compatte che formano uno spazio di Calabi-Yau[18], sembra rappresentare il modello che meglio può raccordarsi con la fenomenologia delle interazioni fondamentali attualmente nota.

## 5.4 Invarianza conforme ed equazioni del moto

Da quello che abbiamo visto finora, sembrerebbe che i modelli di superstringa siano capaci di realizzare il vecchio sogno di Einstein di descrivere in modo unificato la gravità e tutte le altre interazioni.

Questi modelli, infatti, sono caratterizzati dalle seguenti proprietà:

- come tutti i modelli di stringa, includono *necessariamente* nel loro spettro un campo tensoriale (il gravitone) che trasmette le forze gravitazionali;

- essendo supersimmetrici (per evitare i tachioni), includono *necessariamente* anche campi spinoriali che permettono di descrivere

---

[16]Come vedremo nel paragrafo 5.4.1, questa costante d'accoppiamento dipende dall'esponenziale del campo dilatonico, e quindi si inverte se il dilatone cambia di segno.

[17]I due tipi di stringa sono in effetti collegati tra loro da una trasformazione di tipo "duale" (si veda il paragrafo 5.5).

[18]È uno spazio che è compatto, ha curvatura di Ricci nulla, e può essere descritto da una geometria tridimensionale complessa con tre coordinate reali e tre immaginarie.

le fondamentali componenti fermioniche della materia (*quarks* e leptoni);

- per una quantizzazione consistente (senza "fantasmi" e anomalie) determinano infine *univocamente* le simmetrie di *gauge* permesse: quelle dei gruppi non-Abeliani $SO(32)$ o $E_8 \times E_8$ in uno spaziotempo con $D = 10$ dimensioni. La riduzione dimensionale (con la compattificazione di 6 dimensioni) porta allora a simmetrie ridotte che includono quelle del gruppo[19] $SU_3 \times SU_2 \times U_1$, che descrive proprio le interazioni elettro-deboli e forti che osserviamo in 4 dimensioni!

Oltre a predire le particelle e i campi di forza che già conosciamo, e che sono associati ai livelli più bassi dello spettro energetico, i modelli di superstringa sollecitano la nostra curiosità (e stimolano la nostra fantasia) con la serie infinita di stati fisici contenuti nel loro spettro. Questi stati rappresentano particelle di massa crescente e spin crescente[20] che non abbiamo ancora scoperto (e che forse non scopriremo mai, se la loro produzione richiede energie troppo elevate).

Ma l'aspetto più impressionante della teoria delle stringhe – e lo dico dal punto di vista di un fisico abituato a lavorare con le equazioni (classiche e quantistiche) della teoria dei campi – non è tanto quello di predire quali campi o particelle possono esistere in Natura, bensì quello di fissare in modo univoco e completo le equazioni del moto di tutti i campi (bosonici e fermionici, con massa e senza massa) presenti nello spettro.

Infatti, i modelli di superstringa ci dicono non solo che devono esistere i campi gravitazionali, i campi spinoriali, i campi di *gauge* Abeliani e non-Abeliani; ci dicono anche che una stringa non può interagire con questi campi senza dar luogo a effetti quantistici anomali, a meno che i campi soddisfino appropriate equazioni. E queste

---

[19]Il prodotto di questi tre gruppi di simmetrie sta alla base del cosiddetto "modello standard" delle interazioni fondamentali. I corrispondenti campi di *gauge* sono il fotone (associato al gruppo $U_1$), che trasmette le interazioni elettromagnetiche; i tre bosoni vettori $W^+, W^-, Z^0$ (associati al gruppo $SU_2$), che trasmettono le interazioni deboli; e gli otto gluoni (associato al gruppo $SU_3$), che trasmettono le interazioni forti.

[20]Gli stati di stringa con spin elevato rappresentano a tutt'oggi un settore di ricerca largamente inesplorato (a parte il prezioso lavoro di pochi pionieri). L'importanza di questi stati, e la necessità (e l'interesse) di un loro studio più approfondito, sono stati ripetutamente sottolineati, in particolare, da A. Sagnotti (si veda ad esempio [44] per una sua recente rassegna).

equazioni, scritte a bassa energia, coincidono miracolosamente con le equazioni di Einstein per il campo gravitazionale, con le equazioni di Dirac per i campi spinoriali, con le equazioni di Maxwell e di Yang-Mills[21] per i campi di *gauge*! esattamente come si osserva in Natura. Non c'è nessun altro schema teorico capace di fare queste previsioni.

Questa proprietà della teoria delle stringhe rappresenta forse l'aspetto più rivoluzionario rispetto ai modelli fisici convenzionali, basati sulla nozione di particella elementare: quantizzando il moto di una particella, infatti, non si ottiene nessuna restrizione sul moto dei campi esterni nei quali la particella è immersa e con i quali interagisce. Le equazioni per questi campi possono essere assegnate in modo arbitrario, e vengono scelte, di norma, sulla base delle informazioni sperimentali di cui siamo in possesso.

Pensiamo ad esempio alle equazioni di Maxwell per i campi elettromagnetici, faticosamente costruite dai fisici dell'Ottocento a partire dalle leggi empiriche di Gauss, Lenz, Faraday e Ampère. Da un punto di vista teorico sarebbe possibile, in principio, formulare un sistema di equazioni elettromagnetiche diverse da quelle di Maxwell ma ciononostante rispettose della simmetria di *gauge*, dell'invarianza di Lorentz[22], e di tutte le altre proprietà formali tipiche delle interazioni elettromagnetiche. Come scegliere tra tutte le equazioni possibili?

Se non conosciamo (o non usiamo) la teoria delle stringhe possiamo selezionare le equazioni di Maxwell, escludendo tutte le altre possibili equazioni, solo sulla base di motivazioni fenomenologiche (l'accordo o il disaccordo con le osservazioni sperimentali). Le stringhe, invece, ci permettono di scartare *a priori* tutte le equazioni diverse da quelle di Maxwell, semplicemente perché non sarebbero compatibili con la quantizzazione di una stringa carica che interagisce con un campo elettromagnetico esterno. Lo stesso dicasi per le interazioni di una stringa con un campo di *gauge* non Abeliano, un campo gravitazionale o un campo spinoriale.

---

[21] Le equazioni di Yang-Mills sono l'analogo delle equazioni di Maxwell scritte per un campo di *gauge* non-Abeliano. A differenza delle equazioni di Maxwell, sono equazioni di tipo non-lineare.

[22] Questo tipo di invarianza, che rappresenta il principio di base della relatività ristretta, richiede che le equazioni elettromagnetiche mantengano la stessa forma in tutti i sistemi di riferimento inerziali (che sono collegati tra loro, appunto, da trasformazioni di Lorentz).

Come si arriva a questa straordinaria conclusione?

Dobbiamo ricordare, a questo proposito, che i modelli di stringa (e superstringa) sono invarianti rispetto alle cosiddette trasformazioni "conformi" (o trasformazioni locali di scala[23]), che deformano la geometria della superficie d'Universo della stringa senza modificare la sua dinamica. È grazie a questa invarianza, in particolare, che possiamo quantizzare una stringa (o superstringa) mettendoci in un opportuno sistema di coordinate in cui la superficie d'Universo è piatta, e le oscillazioni permesse dai vincoli di Virasoro sono tutte in direzioni ortogonali alla stringa stessa. L'invarianza conforme gioca dunque un ruolo importante nel processo di quantizzazione che determina lo spettro degli stati fisici permessi.

Consideriamo ora una striga che interagisce con uno qualunque dei campi presenti nel suo spettro. Per esempio una stringa immersa in uno spazio-tempo esterno che è curvo per la presenza di un campo gravitazionale, oppure una stringa (aperta) carica che si muove in presenza di un campo di *gauge* esterno.

Il modello che descrive questo tipo di interazioni è detto "modello sigma" e, per come è costruito, rispetta in modo evidente la simmetria conforme a livello classico[24]. Dovrà però rispettarla – per consistenza – anche a livello quantistico, visto che i campi con cui la stringa interagisce fanno parte di uno spettro quantistico ottenuto sfruttando proprio l'invarianza conforme. Dovremo imporre, in altri termini, che il modello sigma quantizzato sia privo di "anomalie conformi". Il processo di quantizzazione del modello sigma, d'altra parte, porta a introdurre (come spesso avviene) alcune espressioni che risultano formalmente divergenti. Il modello va dunque regolarizzato applicando le regole standard della teoria quantistica dei campi, ossia aggiungendo opportuni "contro-termini" che eliminano le divergenze. Questi nuovi termini (assenti nella versione classica del modello) non sono invarianti, in generale, rispetto alle trasformazioni conformi, e quindi introducono anomalie.

Se calcoliamo esplicitamente il contributo dei nuovi termini alla violazione della simmetria conforme, però, troviamo che tale contributo dipende dal campo esterno con cui la stringa interagisce, e si riduce esattamente a zero se il campo esterno soddisfa a delle precise

---

[23] Dette anche "trasformazioni di Weyl".
[24] Si vedano i testi [36]-[39] per la formulazione esplicita di tale modello.

condizioni differenziali. Sono proprio queste equazioni differenziali
– che vanno imposte per garantire l'assenza di anomalie conformi
– che fissano, in modo univoco, la dinamica permessa per il campo
considerato.

Dobbiamo osservare, a questo punto, che il contributo del termine quantistico che rompe la simmetria conforme (e che fornisce la
condizione differenziale per il moto dei vari campi) è molto difficile
da calcolare in modo esatto. In pratica, quindi, si adotta un metodo
approssimato in cui le correzioni quantistiche al modello sigma vengono sviluppate come una serie infinita di termini[25], la cui importanza relativa è controllata da potenze crescenti del quadrato della scala
di lunghezza $L_S$, tipica di una stringa quantizzata[26] (ossia da $L_S^2$, $L_S^4$,
$L_S^6$,... e così via).

Nel limite in cui la lunghezza di stringa $L_S$ tende a zero si ritorna al
caso di un oggetto puntiforme, e le correzioni quantistiche necessarie
per una stringa scompaiono. In questo limite non ci sono contributi all'anomalia conforme, e quindi non c'è nessun vincolo che fissa
l'equazione del moto dei vari campi.

Per $L_S$ diverso da zero, invece, le anomalie conformi generate dalla
serie di correzioni quantistiche devono essere annullate imponendo
che i campi soddisfino le opportune equazioni differenziali, che risultano anch'esse espresse come una serie infinita di termini pesati
da potenze crescenti di $L_S^2$. AL crescere della potenza di $L_S^2$ crescerà
ovviamente (per ragioni dimensionali) il numero di derivate presenti
nelle equazioni differenziali[27].

In prima approssimazione l'invarianza conforme del modello sigma ci darà dunque le ordinarie equazioni di campo con due derivate.
In seconda approssimazione verranno introdotte correzioni quantistiche con quattro derivate. E così via, per approssimazioni di ordine
sempre superiore con un numero di derivate sempre più elevato.

---

[25]Si tratta della ordinaria approssimazione perturbativa dei *loops* quantistici, riferita
però al modello sigma, ossia a una teoria di campo bidimensionale definita sulla superficie
d'Universo della stringa.
[26]A proposito della corretta interpretazione fisica di $L_S$ si veda, in particolare, il paragrafo 5.5.
[27]L'operatore di derivata ha dimensioni dell'inverso di una lunghezza. Perciò, se la
correzione quantistica di ordine $L_S^2$ fornisce equazioni di campo contenenti il prodotto di
due derivate, allora la correzione di ordine $L_S^4$ fornirà equazioni con il prodotto di quattro
derivate, e così via.

Possiamo dunque dire che la quantizzazione completa del modello che descrive l'interazione della stringa con un dato campo (ad esempio, quello gravitazionale), oltre a fornirci in prima approssimazione l'equazione del moto classica di quel campo (ad esempio, le equazioni di Einstein), ci fornisce anche, con una serie di approssimazioni successive in potenze di $L_S^2$, tutte le correzioni quantistiche che diventano importanti quando il campo varia in modo abbastanza rapido (rispetto alla scala di distanza $L_S$).

Queste correzioni con derivate di ordine superiore (che sono tipiche dei modelli di stringa, e che l'ordinaria teoria quantistica dei campi non prevede), si applicano nel regime in cui i gradienti del campo sono molto intensi, e dunque le forze molto elevate. Ma non sono le uniche correzioni alle equazioni del moto classiche previste dai modelli di stringa.

### 5.4.1 Lo sviluppo topologico e il dilatone

Ci sono anche correzioni quantistiche di altro tipo, che intervengono non quando i campi esterni hanno intensità elevata, bensì quando è l'accoppiamento tra le stringhe stesse (controllato dalla costante $g_S$) che risulta sufficientemente intenso. Anche queste correzioni contribuiscono all'equazione del moto dei vari campi, e anche queste correzioni sono esprimibili come una serie di infinite approssimazioni successive di ordine sempre più elevato.

I vari termini di questa approssimazione sono associati, come vedremo, a modifiche della superficie d'Universo della stringa che introducono topologie[28] di complessità crescente; d'altra parte, questi contributi quantistici dipendono dalle interazioni tra le stringhe, e quindi l'importanza relativa dei vari termini della serie è pesata da potenze crescenti della costante di accoppiamento al quadrato ($g_S^2$, $g_S^4$, $g_S^6$, ... ecc.).

C'è dunque un collegamento preciso tra le potenze di $g_S^2$ e il livello topologico della superficie d'Universo (così come, nello sviluppo considerato in precedenza, c'era un collegamento tra le potenze di $L_S^2$ e il numero di derivate nelle equazioni di campo). Ed è grazie al collegamento con la topologia che risulta possibile esprimere la costante di accoppiamento mediante il dilatone, e interpretare il dila-

---

[28]La topologia caratterizza in modo quantitativo le proprietà geometriche *globali* di uno spazio, quali, ad esempio, la connessione, la compattezza, la continuità.

tone come il campo che controlla l'intensità di tutte le interazioni di una stringa.

Consideriamo ad esempio una stringa (o una superstringa) chiusa, che si propaga nello spazio-tempo esterno descrivendo una superficie d'Universo bidimensionale chiusa. In assenza di interazioni la superficie è di tipo cilindrico, e una sua qualunque porzione (intermedia tra la stringa iniziale e quella finale) ha una topologia compatta equivalente a quella di una sfera.

In presenza di interazioni quantistiche, però, la stringa iniziale può spontaneamente sdoppiarsi in due stringhe, che poi eventualmente si ricombinano per formare un'unica stringa finale (si veda la Fig. 5.5). È un processo analogo alla produzione spontanea di una coppia di particelle virtuali, un processo ben noto nella teoria dei campi, che avviene al primo ordine del cosiddetto "sviluppo in *loops*" delle correzioni quantistiche.

Se teniamo conto di questo processo vediamo dalla figura che la parte intermedia della superficie d'Universo non è più di tipo cilindrico, ma assomiglia piuttosto a una "ciambella": la sua topologia non è più quella della sfera ma quella del "toro", una forma geometrica di genere topologico $n = 1$. Ricordiamo, a questo proposito, che il "genere topologico" è una proprietà che caratterizza la forma di un

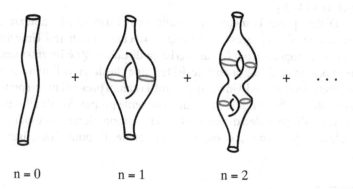

n = 0                n = 1                n = 2

**Fig. 5.5**  Lo sviluppo della superficie d'Universo di una stringa chiusa in topologie di livello sempre più complesso. La figura mostra, in particolare, una stringa che si propaga liberamente senza interazioni ($n = 0$), il processo di creazione spontanea di una coppia di stringhe virtuali ($n = 1$), e il processo di creazione di due coppie di stringhe virtuali ($n = 2$). Il valore di $n$ individua il cosiddetto "genere topologico" (o numero di buchi) della superficie d'Universo considerata, e rappresenta anche l'ordine di approssimazione (o numero di *loops*) della corrispondente correzione quantistica

oggetto contando il numero di "buchi" (o meglio, come si usa dire nel linguaggio matematico, il numero di "maniglie") presenti: una sfera, dunque, è di genere topologico $n = 0$, un toro (o ciambella) è di genere topologico $n = 1$, e così via.

Se le interazioni sono molto intense, il processo quantistico di formazione e ricombinazione delle coppie di stringhe può avvenire ripetutamente (si veda la Fig. 5.5).

Abbiamo così superfici d'Universo sempre più complesse, di genere topologico $n = 2, n = 3$, ecc. (ossia con 2 buchi, 3 buchi, ecc.). E così come la superficie di genere 1 corrisponde a una correzione del primo ordine (se riferita alla serie dei *loops* quantistici), le topologie più complesse corrispondono, rispettivamente a correzioni del secondo ordine, terzo ordine, ecc. (ossia a processi con 2 *loops*, 3 *loops*, ecc). C'è dunque una completa e totale corrispondenza tra il numero di buchi (o genere) dello sviluppo topologico e il numero di *loops* dell'approssimazione quantistica.

Osserviamo ora che il genere topologico $n$ delle superfici d'Universo di una stringa si può ottenere calcolando il cosiddetto "integrale caratteristico di Eulero"[29] $\chi$. Si trova, in particolare, che $\chi = 1 - n$, e si trova anche che l'interazione della stringa con il dilatone (supponendo, per semplicità, che il dilatone sia costante) è descritta proprio dal prodotto del campo dilatonico $\phi$ per l'integrale di Eulero, ossia dal termine $\chi\phi$.

D'altra parte, la meccanica quantistica ci dice che l'ampiezza di probabilità di un processo caratterizzato da una superficie d'Universo di genere topologico $n$ (o caratteristica di Eulero $\chi$) è inversamente proporzionale all'esponenziale del termine che descrive l'interazione di quella superficie d'Universo con tutti i campi presenti nello spettro della stringa[30]: quindi, è anche inversamente proporzionale all'esponenziale di $\chi\phi$. Vale a dire, è direttamente proporzionale all'esponenziale di $-\chi\phi = (n-1)\phi$, ossia proporzionale alla potenza $n$-esima di $e^\phi$.

---

[29] È l'integrale di un termine proporzionale alla curvatura della superficie d'Universo, fatto su tutta la superficie. Il risultato è un numero costante $\chi$ che non dipende dal sistema di coordinate usato ma solo dal genere topologico della superficie.

[30] Stiamo considerando, in particolare, il contributo di una particolare configurazione topologica alla cosiddetta "funzione di partizione" totale che caratterizza la propagazione della stringa dallo stato iniziale a quella finale. Tale contributo è inversamente proporzionale all'esponenziale dell'azione Euclidea che include tutte le interazioni.

Se sviluppiamo l'ampiezza di probabilità totale in una serie infinita di contributi di genere topologico crescente, abbiamo dunque uno sviluppo in potenze crescenti di $e^\phi$. Ma i vari livelli topologici, come abbiamo già sottolineato, corrispondono ai diversi gradi di approssimazione di uno sviluppo in *loops* delle correzioni quantistiche. E la meccanica quantistica ci dice anche che tale sviluppo deve corrispondere a una serie di potenze crescenti della costante d'accoppiamento $g_S^2$.

Arriviamo così a identificare (perlomeno nel caso di un dilatone costante[31]) il dilatone e la costante di accoppiamento delle stringhe mediante la relazione $g_S^2 = e^\phi$. Tale relazione, di cruciale importanza per le applicazioni fisiche della teoria delle stringhe, è valida in questa forma se l'accoppiamento è sufficientemente debole e le correzioni quantistiche si possono esprimere come una serie di approssimazioni successive. In caso contrario la relazione tra il dilatone e $g_S^2$ continua a sussistere, ma assume forme più complicate.

In ogni caso, è comunque importante sottolineare che le correzioni alle equazioni del moto associate alle modifiche topologiche della superficie d'Universo accoppiano il dilatone in modo diverso a campi diversi, e tendono quindi a rompere l'universalità dell'interazione gravitazionale: in particolare, producono forze di tipo scalare che violano il principio di equivalenza (come anticipato nel paragrafo 2.1.1). Tale effetto si verifica a ogni livello di approssimazione, e diventa ovviamente tanto più importante quanto più l'accoppiamento tra le stringhe risulta intenso.

## 5.5 Un nuovo tipo di simmetria: la "dualità"

Ci sono due importanti simmetrie nella teoria delle stringhe che non hanno alcuna controparte nella teoria dei campi e delle particelle, perché traggono origine dal fatto che le stringhe sono oggetti elementari *spazialmente estesi*. Entrambe queste simmetrie giocano un ruolo cruciale nella versione quantistica dei modelli di stringa, rivelandoci nuove e inattese proprietà di questi modelli.

Una di queste due simmetrie è la cosiddetta invarianza conforme, di cui abbiamo già parlato nel paragrafo precedente. È una proprie-

---

[31]Se il dilatone non è costante, $e^\phi$ gioca comunque il ruolo di un accoppiamento effettivo *locale*.

tà strettamente associata al carattere bidimensionale della superficie d'Universo, e vale quindi per oggetti elementari estesi lungo una sola dimensione spaziale. La presenza di questa simmetria anche a livello quantistico determina le equazioni del moto per tutti i campi contenuti nel modello di stringa considerato.

L'altra simmetria, di cui parleremo in questo paragrafo, è la cosiddetta "invarianza duale".

Ci sono vari tipi e varie versione di questa simmetria (la dualità di "tipo T", di tipo "S", di "tipo U"), ma noi ci concentreremo su quella che più esplicitamente fa riferimento al carattere esteso della stringa: la dualità di tipo T (detta anche T-dualità), che diventa manifesta quando la stringa viene quantizzata in uno spazio esterno che contiene dimensioni compatte[32].

Diciamo subito che, a causa di questa simmetria, una stringa non fa distinzione a livello quantistico tra una dimensione compatta di estensione $R$ e una di estensione $L_S^2/R$ (dove $L_S$ è la lunghezza caratteristica della stringa quantizzata). La distinzione tra i due spazi compatti è possibile per una particella puntiforme (classica e quantistica), è possibile per una stringa a livello classico, ma diventa impossibile all'interno dello spettro dei livelli energetici di una stringa quantizzata.

Come si arriva a questa importante conclusione? Le sue implicazioni, come vedremo (anche nel successivo capitolo), sono fisicamente molto interessanti.

Facciamo un semplice esempio in cui lo spazio ha una sola dimensione compatta. In realtà le dimensioni compatte potrebbero essere più di una (come abbiamo visto nel caso delle superstringhe che vibrano in uno spazio-tempo a 10 dimensioni); anche una sola dimensione, però, è già sufficiente a illustrare l'idea di base della simmetria duale. Assumiamo che tale dimensione abbia la forma di un cerchio di raggio $R$, e consideriamo un corpo di prova che si muove lungo questa dimensione circolare compatta.

Supponiamo innanzitutto che il corpo in questione sia una particella puntiforme, che obbedisce alle leggi della meccanica classica. Le equazioni che ne descrivono il moto dipendono ovviamente dal raggio del cerchio: il tempo impiegato per fare un giro, ad esempio,

---

[32]La lettera T sta per l'iniziale dell'espressione inglese *target space*, che è il termine usato in matematica per indicare lo spazio esterno nel quale si propaga la stringa.

è più lungo su un cerchio grande che su un cerchio piccolo. Possiamo quindi dire che la particella, da un punto di vista classico, riesce fisicamente a distinguere dimensioni compatte di raggio diverso.

Alla stessa conclusione si arriva anche in un contesto quantistico: lo spettro energetico della particella dipende infatti dal raggio del cerchio, con l'unica differenza (rispetto al caso classico) che i livelli permessi sono discreti anziché continui. La quantità di moto lungo la dimensione compatta, in particolare, assume valori che sono multipli interi di una quantità inversamente proporzionale al raggio, ossia valori del tipo $n/R$, con $n = 0, 1, 2, 3, \dots$. Ritroviamo dunque lo stesso spettro di stati che formano la cosiddetta "torre" di Kaluza-Klein (si veda il paragrafo 2.3.1).

Prendiamo ora come corpo di prova una stringa chiusa. Se consideriamo il suo moto classico lungo la dimensione compatta arriviamo a conclusioni simili a quelle precedenti: la stringa distingue fisicamente spazi di raggio diverso. E lo fa in due modi perché, oltre a ruotare lungo il cerchio come la particella, può anche – a differenza della particella – avvolgersi una o più volte attorno al cerchio stesso (si veda la Fig. 5.6). Entrambi i possibili stati di rotazione e di avvolgimento (o di "arrotolamento") contribuiscono all'energia classica della stringa in modo diverso per raggi diversi.

La situazione cambia quando passiamo al regime quantistico.

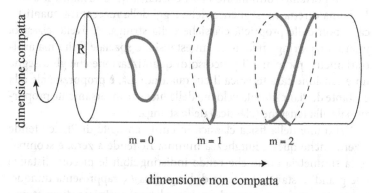

Fig. 5.6 Un esempio di spazio bidimensionale con la dimensione orizzontale non compatta e quella verticale compattificata in modo da formare un cerchio di raggio $R$. Una stringa chiusa può avvolgersi una o più volte attorno alla dimensione compatta. La figura mostra (da sinistra verso destra) tre possibili stati di stringa con numero di avvolgimento $m$ dato, rispettivamente, da $m = 0$, $m = 1$ e $m = 2$.

Lo spettro quantistico dei livelli energetici contiene ovviamente tutti i possibili contributi dinamici, e quindi contiene sia i contributi dovuti alla rotazione della stringa lungo la dimensione compatta, sia quelli dovuti all'avvolgimento. I contributi dell'energia cinetica associati alla rotazione sono multipli interi dell'inverso del raggio, e quindi (come visto in precedenza) sono del tipo $n/R$, con $n = 0, 1, 2, \ldots$. I contributi dell'energia di avvolgimento, invece, sono direttamente proporzionali al raggio e al numero $m$ di avvolgimenti attorno alla dimensione compatta: sono dunque del tipo $mR/L_S^2$, con $m = 0, 1, 2, 3, \ldots$

Poiché i due contributi sono indistinguibili all'interno dello stesso livello energetico (quello che conta, infatti, è l'energia totale), lo spettro quantistico risulta invariate rispetto alla trasformazione – detta trasformazione di T-dualità – che scambia tra loro i due numeri interi $n$ e $m$ e che, simultaneamente, inverte il raggio di compattificazione[33], scambiando tra loro $1/R$ e $R/L_S^2$.

Questo significa che per una stringa, quando si entra nel regime di energie e distanze in cui vanno applicate le leggi della meccanica quantistica, configurazioni geometriche di raggio $R$ e di raggio $L_S^2/R$ diventano fisicamente indistinguibili. E questo comporta, in pratica, che la lunghezza $L_S$ (tipica della stringa quantizzata) rappresenti la minima scala di distanze fisicamente rilevante nel contesto di questa teoria (si veda la Fig. 5.7).

È importante sottolineare che l'esistenza della distanza minima $L_S$ è una diretta conseguenza delle leggi della meccanica quantistica, e non delle proprietà classiche della stringa. A livello classico, infatti, una stringa può avere un'estensione spaziale finita ma arbitrariamente piccola: è il processo di quantizzazione che gli assegna un'estensione caratteristica il cui quadrato, $L_S^2$, è proporzionale alla costante di Planck $h$, alla velocità della luce $c$, e inversamente proporzionale alla tensione (classica) della stringa.

Nel limite della fisica classica in cui la costante di Planck tende a zero anche questa lunghezza minima $L_S$ tende a zero, e scompare la simmetria duale che rende indistinguibili le piccole distanze e le grandi distanze. La scala di lunghezza $L_S$ rappresenta dunque, per le stringhe, una quantità analoga al raggio minimo di un atomo

---

[33]Come mostrato per la prima volta dai lavori di K. Kikkawa, M. Y. Yamasaki [45] e N. Sakai, I. Senda [46].

raggio effettivo

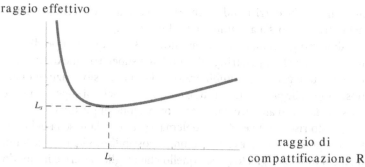

raggio di
compattificazione R

**Fig. 5.7** Spazi compatti di raggio $R$ inferiore a $L_S$ sono equivalenti, per lo spettro quantistico di una stringa, a spazi compatti di raggio effettivo $L_S^2/R$, maggiore di $L_S$. Il raggio effettivo "sentito" dalla stringa – illustrato in questa figura come media geometrica di $R$ e $L_S^2/R$ – risulta sempre non-inferiore al limite minimo $L_S$

(il cosiddetto "raggio di Bohr") ottenuto quantizzando i sistemi atomici.

È anche importante osservare che la proprietà di invarianza duale dei modelli di stringa, che qui abbiamo illustrato facendo riferimento alla presenza di dimensioni compatte, può essere estesa in modo da includere un'equivalenza fisica tra generiche scale di distanza (e non solo raggi di compattificazione). Questo è possibile anche se non ci sono dimensioni compatte, e anche se le distanze non sono costanti ma dipendono dal tempo[34] (perché la geometria dello spazio dipende dal tempo).

In quest'ultimo caso, però, la simmetria del modello assume forme più complicate: la trasformazione duale, oltre a scambiare le distanze con il proprio inverso, coinvolge anche il dilatone (perché il dilatone, presente nel livello fondamentale dello spettro, è direttamente e inevitabilmente accoppiato al gravitone, e quindi alla geometria dello spazio esterno nella quale la stringa si sta muovendo).

D'altra parte il dilatone – o meglio la funzione esponenziale del dilatone – rappresenta anche la costante d'accoppiamento della stringa, come abbiamo visto nel paragrafo precedente. Una trasformazione del dilatone trasforma dunque la costante d'accoppiamento e, in particolare, un cambio di segno del dilatone la inverte. Si arriva così a scoprire l'esistenza di un altro tipo di simmetria – la cosiddetta

---

[34]Come mostrato dai lavori di A. Tseytlin [47] e G. Veneziano [48].

S-dualità – che corrisponde a invertire la costante di accoppiamento delle stringhe (ossia a scambiare tra loro $g_S^2$ e $1/g_S^2$). Abbiamo già notato, nel paragrafo 5.3.3, che questo tipo di simmetria collega la superstringa di tipo I alle superstringhe di tipo eterotico. Più in generale, combinando vari tipi di trasformazioni duali, possiamo collegare tra loro tutti e cinque i modelli di superstringa, e passare dall'uno all'altro con la trasformazione opportuna.

Questo risove un vecchio problema, sorto con la nascita delle superstringhe: dato che esistono cinque possibili modelli consistenti, qual è il modello "giusto", ossia quello che meglio descrive il mondo in cui viviamo?

La simmetria duale mostra che questo, in realtà, è un falso problema. Essendo collegati tra loro da trasformazioni duali, i modelli di superstringa non corrispondono a diverse teorie, ma rappresentano piuttosto diversi regimi fisici (accoppiamento debole, accoppiamento forte, ecc.) *della stessa teoria*[35]. E suggerisce inoltre che tutti e cinque i tipi di stringa corrispondano a versioni approssimate di una teoria più fondamentale – detta "teoria M" – che deve essere formulata in uno spazio-tempo con $D = 11$ dimensioni (che è il massimo numero di dimensioni possibili per una teoria che includa la gravità e che risulti supersimmetrica e consistente senza particelle di spin superiori a due).

Il nostro stato di conoscenza di questa teoria M è attualmente molto scarso[36]. Sappiamo però che le superstringhe oscillano e si propagano utilizzando solo 10 dimensioni spazio-temporali, e che l'undicesima dimensione, se viene compattificata, rappresenta in modo geometrico l'intensità dell'accoppiamento tra le stringhe[37].

---

[35] Questo risultato caratterizza quella che viene chiamata la "seconda rivoluzione" delle stringhe, avvenuta verso la metà degli anni '90. C'era stata, in precedenza, anche la "prima rivoluzione", che risale agli anni '80, e che corrisponde al passaggio da una teoria di stringa intesa come teoria delle interazioni forti (caratterizzata da una lunghezza di stringa dell'ordine del raggio del nucleo, $L_S \sim 10^{-13}$ cm), a una teoria di stringa supersimmetrica intesa come teoria unificata di tutte le interazioni fondamentali (inclusa la gravità, e con una lunghezza di stringa dell'ordine del raggio di Planck, $L_S \sim 10 L_P \sim 10^{-32}$ cm).

[36] La lettera M ha varie interpretazioni: può esser l'iniziale di Mostro (teoria "mostro") o di Madre (teoria "madre di tutte le teorie") o di Membrana (teoria "delle membrane"). L'ultima interpretazione è motivata dal fatto che, passando da 10 a 11 dimensioni, e aggiungendo una dimensione spaziale in più a un oggetto unidimensionale come la stringa, si ottiene un oggetto bidimensionale: la membrana.

[37] Questo risultato è contenuto in un lavoro di E. Witten [49]. È questo lavoro che, in pratica, ha dato il via alla cosiddetta "seconda rivoluzione" delle stringhe.

Il raggio di compattificazione dell'undicesima dimensione risulta infatti proporzionale all'esponenziale del dilatone, e dunque alla costante di accoppiamento $g_S^2$. Forti interazioni corrispondono a grandi raggi, ossia a una configurazione geometrica in cui l'undicesima dimensione è molto estesa, non trascurabile, e dobbiamo applicare senza approssimazioni la nuova teoria M. Il limite di deboli interazioni corrisponde invece al limite in cui il raggio di compattificazione tende a zero, lo spazio-tempo si riduce a una configurazione effettiva con solo dieci dimensioni, e possiamo quindi utilizzare i modelli di superstringa come prima approssimazione della teoria M nel regime di accoppiamento debole.

È interessante notare che l'interpretazione geometrica della costante di accoppiamento $g_S$ rivela chiaramente la stretta analogia esistente tra S-dualità e T-dualità. Nel contesto della teoria M, infatti, l'inversione della costante di accoppiamento equivale all'inversione del raggio di compattificazione dell'undicesima dimensione, e viene dunque rappresentata come una particolare forma di T-dualità.

La simmetria duale gioca un ruolo cruciale nel chiarire le differenze tra i cinque tipi di superstringa, e nell'interpretarli come diversi limiti perturbativi di un modello più fondamentale, da formulare in undici dimensioni. Purtroppo, però, non sembra fornire soluzione a quello che attualmente sembra essere il principale problema di tipo concettuale della teoria delle stringhe: il cosiddetto "problema dell'atterraggio". Cosa si intende con questo strano nome[38] ?

Si intende il fatto che i cinque possibili modelli di superstringa, perfettamente definiti nella loro versione esatta, valida a tutte le energie, quando devono far predizioni a bassa energia possono dar luogo a circa $10^{500}$ possibili modelli effettivi delle interazioni fondamentali, tutti diversi tra loro. Un numero enorme! E solo uno di questi possibili scenari di bassa energia si applica al mondo in cui viviamo.

Il problema è dunque quello di passare dal modello esatto al suo limite di bassa energia, "atterrando" su quello giusto tra tutti quelli permessi. La teoria delle stringhe non sembra darci indicazioni su come scegliere il "punto d'atterraggio", e questo, purtroppo, riduce inesorabilmente la sua capacità di fare predizioni. Se chiediamo alla

---

[38] In inglese *"landscape problem"*, si veda ad esempio l'articolo di R. Bousso e J. Polchinski [50].

teoria come descrivere un certo fenomeno che possiamo riprodurre nei nostri laboratori a energie sufficientemente basse, la teoria ci fa scegliere tra $10^{500}$ possibili risposte!

Questa situazione attuale è scoraggiante, e possiamo solo sperare che gli sviluppi futuri della teoria delle stringhe (o della teoria M) ci rivelino che anche questo problema è superabile o – come spesso avviene – è malposto. Dopotutto, il bagaglio di strumenti tecnici necessari per padroneggiare questi nuovi schemi teorici è ancora largamente inadeguato e incompleto (di fronte alla teoria delle stringhe siamo un po' come bambini piccoli che premono a caso i tasti di un *computer* per vedere cosa succede).

Anche se (per il momento) impotente nei confronti del problema dell'atterraggio, la dualità – o meglio, la presenza degli stati energetici associati a stringhe "arrotolate" – suggerisce però una risposta a un altro importante problema.

Se lo spazio in cui viviamo è multidimensionale, e se le dimensioni sono compatte come richiesto dalla simmetria T-duale, perché *solo tre* dimensioni sono estese su grandissime scale di distanza, mentre tutte le altre hanno un raggio di compattificazione estremamente più piccolo (forse dell'ordine della lunghezza di stringa $L_S$)? Se l'Universo si è espanso dal Big Bang in poi, come ci dice il modello cosmologico standard, perché questa espansione ha coinvolto solo tre dimensioni spaziali, senza influenzare anche tutte le altre?

Nel prossimo paragrafo vedremo come gli stati di stringa "arrotolati" potrebbero risolvere questo problema.

### 5.5.1 Stringhe "arrotolate" e dimensioni spaziali

La capacità delle stringhe di arrotolarsi attorno alle dimensioni compatte (si veda la Fig. 5.6), oltre a fornire l'ingrediente di base della simmetria duale, rappresenta anche uno degli aspetti più tipici e innovativi della teoria delle stringhe rispetto alla teoria (classica e quantistica) dei campi e delle particelle.

L'esistenza dei cosiddetti "stati di avvolgimento" (o arrotolamento), con livelli discreti, equispaziati, e con energie proporzionali al raggio delle dimensioni compatte, è una predizione *unica* della teoria delle stringhe. Altre predizioni, come la supersimmetria, le dimensioni *extra*, ecc., sono in comune anche con gli schemi teorici più convenzionali.

Se i futuri esperimenti – ad esempio, le collisioni ad alta energia nell'acceleratore LHC del CERN – rivelassero particelle appartenenti a multipletti supersimmetrici, oppure particelle con uno spettro tipico delle "torri" di Kaluza-Klein, potremmo concludere che in Natura esiste la supersimmetria, che esisono dimensioni *extra*, ma non avremmo una conferma diretta dell'esistenza delle stringhe (solo indicazioni indirette in loro favore).

Se invece rivelassimo particelle con lo spettro caratteristico degli stati di avvolgimento avremmo una prova indiscutibile che la materia ammette componenti elementari estesi come le stringhe. Otterremo mai un risultato sperimentale del genere? Possiamo solo aspettare. Nell'attesa, però, possiamo chiederci quali nuovi effetti fisici potrebbero essere associati alla presenza di questi stati energetici di avvolgimento, tipici delle stringhe (e, in generale, degli oggetti estesi).

Un semplice ma interessante effetto si può avere nel contesto della cosmologia primordiale.

Supponiamo che l'Universo, nella sua configurazione iniziale di altissima energia, si trovi in uno stato multidimensionale con tutte le dimensioni compattificate su una scala di distanze molto piccole, dell'ordine della lunghezza di stringa $L_S$. Supponiamo anche che questo Universo iniziale sia riempito da un gas estremamente denso e caldo composto di superstringhe con altissime energie, che si muovono con velocità relativistiche e si avvolgono ripetutamente intorno alle dimensioni spaziali compatte[39].

Un tale gas di stringhe contribuisce alla densità totale d'energia presente a livello cosmico in due modi: con l'energia cinetica dovuta al movimento, e con l'energia di avvolgimento delle stringhe arrotolate. Il primo tipo di energia corrisponde a una pressione positiva, si comporta come radiazione relativistica, e tende a innescare l'espansione dello spazio. Il secondo tipo di energia, invece, tende a favorire la contrazione[40].

---

[39]Questa possibilità è stata originariamente suggerita da R. Brandenberger e C. Vafa [51].

[40]Per vedere esplicitamente in che modo l'energia di avvolgimento porta lo spazio a contrarsi dovremmo risolvere le equazioni cosmologiche che descrivono il campo gravitazionale prodotto dal gas di stringhe (si veda ad esempio il lavoro di A. Tseytlin e C. Vafa [52]). Senza ricorrere a queste tecniche, però, possiamo pensare, in maniera intuitiva, che le stringhe avvolte attorno alle dimensioni compatte si comportino come un "laccio" che tende a stringersi e a comprimere lo spazio, contrastando la sua naturale tendenza all'espansione.

Se partiamo da uno stato iniziale in cui l'Universo si espande troviamo allora che l'energia di avvolgimento – proporzionale al raggio delle dimensioni compatte – aumenta e, di conseguenza, diventa dominate. Il suo contributo rapidamente controbilancia e supera la forza di espansione, costringendo lo spazio a contrarsi e a ritornare alla configurazione iniziale. Al diminuire del raggio ritorna poi dominante l'energia cinetica del movimento, che blocca la contrazione e fa ripartire l'espansione.

Grazie agli opposti contributi dell'energia cinetica e dell'energia di avvolgimento, un Universo iniziale compatto, popolato da stringhe, e rispettoso della simmetria duale, si trova dunque in uno stato di equilibrio dinamico in cui – a parte periodiche oscillazioni dovute all'alternanza del tipo di energia dominante – tutte le dimensioni rimangono (in media) bloccate al raggio di compattificazione iniziale. Sembrerebbe dunque impossibile, in tale contesto, che tre (e solo tre) dimensioni riescano a espandersi, dando così origine all'Universo che attualmente osserviamo.

Non dobbiamo dimenticare però che, alle alte energie e temperature che stiamo considerando, il gas di stringhe raggiunge facilmente una configurazione simmetrica che contiene, in percentuali uguali, stringhe che si avvolgono in un senso e stringhe che si avvolgono in senso opposto. Questi due stati di avvolgimento si annullano a vicenda se le stringhe entrano in contatto, esattamente come si annichilano tra loro particelle di materia e di antimateria non appena si urtano.

Potrebbe dunque succedere che, a causa di questo processo di annientamento reciproco, gli stati di avvolgimento inizialmente presenti tendono gradualmente a scomparire, lasciando alle stringhe solo la loro energia cinetica, e permettendo così all'Universo di espandersi. Se questo è il caso, però, perché solo tre dimensioni dovrebbero riuscire a sfuggire al controllo delle stringhe arrotolate, espandendosi senza limiti? perché non dovrebbero riuscirci tutte le dimensioni spaziali?

La risposta è semplice. Per potersi annichilare a vicenda, le stringhe arrotolate devo collidere. Se il numero di dimensioni spaziali è troppo elevato può darsi che due stringhe non entrino mai in contatto, anche se le dimensioni sono compatte.

Per spiegare questo punto facciamo un semplice esempio considerando due particelle puntiformi che si muovono lungo una singola dimensione compatta (ad esempio un cerchio). A meno che le loro velocità non siano esattamente uguali e concordi, le due particelle, prima o poi, sono destinate a scontrarsi. Però, se le particelle si muovono non su un cerchio ma su una superficie bidimensionale compatta (ad esempio una sfera), potrebbero non incontrarsi mai, anche se hanno velocità molto diverse (è sufficiente, ad esempio, che si muovano lungo diversi paralleli della sfera).

Consideriamo ora due stringhe. A differenza delle particelle, le stringhe avvolte sulla sfera hanno una probabilità molto alta di entrare prima o poi in collisione. Lo stesso vale se le stringhe si muovono non sulla superficie di una sfera ma su uno spazio tridimensionale compatto[41].

Proseguendo con questo tipo di esempi possiamo considerare oggetti estesi più complessi delle stringhe (membrane a 2 dimensioni, a 3 dimensioni, e in generale $p$-brane, ossia oggetti estesi lungo $p$ dimensioni spaziali), avvolti attorno a spazi compatti con un numero sempre più elevato di dimensioni. Si trova allora che il numero *massimo* di dimensioni compatte nelle quali la collisione di oggetti $p$-dimensionali risulta inevitabile (con la conseguente annichilazione dei loro stati arrotolati) è dato da $d = 2p + 1$.

Per una particella puntiforme (che non ha estensione, ossia che ha $p = 0$) ritroviamo dunque che la collisione è inevitabile solo su uno spazio compatto con $d = 1$ dimensione (il cerchio dell'esempio precedente).

Per le stringhe, che sono oggetti unidimensionali ($p = 1$), le collisioni sono invece inevitabili in spazi con una, due, e al massimo $d = 2 + 1 = 3$ dimensioni. E la probabilità diventa trascurabile in spazi di dimensione superiore a tre! Gli stati arrotolati delle stringhe possono dunque collidere e annichilarsi solo in un sottospazio tridimensionale del nostro Universo, ed ecco perché solo tre dimensioni spaziali risultano automaticamente "bonificate" dalla presenza delle stringhe arrotolate, e possono espandersi.

Nelle restanti dimensioni spaziali (siano esse 6 come vogliono le superstringhe, oppure 7 come vuole la teoria M), le stringhe invece non hanno modo di collidere a sufficienza, e gli stati arrotolati conti-

---

[41] Ci risulta però difficile visualizzare graficamente questa situazione perché, per farlo, dovremmo immaginare lo spazio compatto a tre dimensioni immerso in uno spazio esterno a quattro dimensioni (cosa impossibile per le capacità della nostra mente).

nuano a sopravvivere e a "imbrigliare" le tendenze espansionistiche dello spazio. Ecco perché queste dimensioni sono rimaste compatte e confinate su scale di distanze microscopiche dell'ordine di $L_S$.

In realtà la situazione potrebbe essere più complicata di quella che ho appena descritto se, oltre alle stringhe, sono presenti anche altri oggetti estesi che contribuiscono all'energia di avvolgimento. Per una $p$-brana, infatti, l'energia di avvolgimento è proporzionale a $R^p$, dove $R$ è il raggio delle dimensioni compatte. Non appena $R$ aumenta, perché l'Universo inizia a espandersi, sono dunque gli oggetti col numero di dimensioni $p$ più elevato che diventano dominanti, e che controllano quante dimensioni dello spazio possono espandersi[42].

Supponiamo, ad esempio, che lo spazio abbia 9 dimensioni compatte. Tutte le $p$-brane con $p$ maggiore di 4 (o uguale a 4) non hanno alcuna difficoltà a intersecarsi in 9 dimensioni (perché, in quel caso, $9 \leq 2p + 1$), quindi i loro stati di avvolgimento si annullano rapidamente a vicenda, e quindi questi oggetti non possono frenare in alcun modo l'espansione delle nove dimensioni spaziali. Possono frenarla, invece, le $p$-brane con $p = 3$, $p = 2$ e $p = 1$.

Al crescere del raggio di compattificazione, e con l'annichilazione delle $p$-brane che hanno $p$ superiore o uguale a 4, ci sono infatti le 3-brane che per prime diventano dominanti, e che cercano di bloccare l'espansione dell'Universo. Però non ci riescono completamente, perché i loro stati di avvolgimento si annichilano in un sottospazio con $d = 2 \times 3 + 1 = 7$ dimensioni, lasciando tale sottospazio libero di espandersi (le due restanti dimensioni, invece, rimangono confinate).

Il raggio di questo sottospazio a 7 dimensioni può crescere solo fino al momento in cui entrano in gioco le 2-brane. Quando queste ultime diventano dominanti l'espansione si blocca ancora ovunque, a eccezione di un sottospazio con $d = 2 \times 2 + 1 = 5$ dimensioni (che è il massimo numero di dimensioni nel quale le 2-brane riescono a collidere e ad annichilare la loro energia di avvolgimento).

Ma neanche questo spazio penta-dimensionale può espandersi troppo, perché in seguito diventano dominanti le stringhe, con $p = 1$. L'annichilazione dei loro stati di avvolgimento è efficace solo in un

---

[42]In questo caso l'Universo primordiale è caratterizzato, in generale, dalla presenza di un gas di membrane (anziché un gas di stringhe). Si veda ad esempio il lavoro di S. Alexander, R. Brandenberger and D. Easson [53].

sottospazio tridimensionale, e arriviamo così alla configurazione finale con tre dimensioni che si espandono e tutte le altre sei che rimangono bloccate. In questo caso, a differenza di quello precedente, le sei dimensioni *extra* hanno però raggi di compattificazione diversi, perché la loro espansione si è "congelata" (a coppie di due per volta) in epoche diverse, corrispondenti alle varie fasi di evoluzione del gas di membrane presente nell'Universo primordiale.

Non sappiamo, per il momento, se le dimensioni *extra* previste dalla teoria delle stringhe esistano, se siano compatte, e se la presenza di stringhe arrotolate (o membrane arrotolate) rappresenti la corretta spiegazione della loro configurazione geometrica, così diversa da quella dello spazio tridimensionale macroscopico.

Abbimo visto, però, che la teoria delle stringhe – difficile da applicare e interpretare nel contesto della fisica di bassa energia -- potrebbe risultare estremamente utile ed efficace per spiegare o prevedere fenomeni di alta energia tipici della cosmologia primordiale. In questo contesto, la teoria delle stringhe è anche in grado di suggerire nuove – e per certi versi rivoluzionare – estensioni dello scenario cosmologico standard, che verranno presentate nel prossimo capitolo.

# 6. Il passato più remoto del nostro Universo

Vi siete mai chiesti come è nato l'Universo? O perlomeno che aspetto aveva l'Universo miliardi e miliardi di anni fa, in epoche molto lontane dalla nostra? Esisteva anche allora ed era uguale a oggi? Oppure era molto diverso? O forse non esisteva nemmeno? La moderna cosmologia cerca di rispondere anche a queste domande applicando il metodo scientifico della fisica: partendo cioè dalle osservazioni sperimentali, costruendo modelli teorici che spieghino tali osservazioni, e mettendo alla prova le predizioni di questi modelli con esperimenti diversi e sempre più precisi.

Il modello usato per descrivere l'Universo che attualmente osserviamo, in particolare, è il cosiddetto "modello cosmologico standard", formulato (e successivamente perfezionato, a più riprese) nella seconda metà del secolo scorso[1]. Come tutti i modelli si basa su varie ipotesi, suggerite in parte dalle osservazioni e in parte dagli strumenti matematici che vengono usati.

Possiamo ricordare, ad esempio, l'ipotesi che lo spazio tridimensionale (su grandi scale di distanza) non ammetta nè posizioni privilegiate nè direzioni privilegiate; che la materia e la radiazione presenti a livello cosmico si comportino come un fluido perfetto; che la radiazione cosmica sia in equilibrio termico; che la forme di materia ed energia attualmente dominanti siano di tipo "oscuro", ossia rivelabili tramite i loro effetti gravitazionali, ma non visibili otticamente. E, soprattutto, l'ipotesi che le forze gravitazionali, su qualunque scala di distanze, siano ben descritte dalla teoria di Einstein della relatività generale.

---

[1] Si vedano ad esempio i testi di S. Weinberg [54, 2], oppure [3] per un testo in italiano.

Basandoci su queste (e altre) ipotesi, il modello cosmologico standard ha collezionato una lunga serie di successi. Per esempio, si è dimostrato capace di prevedere (e di interpretare geometricamente) il processo di espansione cosmica, fornendo una descrizione quantitativa dello stato dinamico dell'attuale Universo. Ma non solo.

Il modello standard descrive un Universo che si espande e si raffredda a partire da uno stato iniziale caratterizzato da una concentrazione di energia infinita: la cosiddetta singolarità del "Big Bang". Se andiamo indietro nel tempo, partendo dall'epoca attuale, troviamo dunque in passato un Universo sempre più denso e sempre più caldo, nel quale la radiazione rappresenta la forma di energia dominante. Il modello predice quindi l'ambiente adatto per le reazioni nucleari che in passato hanno formato gli elementi chimici di base come idrogeno, elio, ecc. (la cosiddetta "nucleosintesi"). Questa storia passata dell'Universo spiega anche l'origine del fondo termico di radiazione fossile, che ancor oggi possiamo osservare su scala cosmica[2].

Nonostante i suoi successi, il modello cosmologico standard è entrato in crisi due volte.

La prima volta all'inizio degli anni '80, quando è stato affrontato il problema della formazione degli agglomerati di materia a livello cosmico e il problema delle disomogeneità (piccole, ma finite) presenti nella temperatura della radiazione fossile[3]. Come si sono prodotte le fluttuazioni della temperatura e, soprattutto, le fluttuazioni della den-

---

[2]È un fondo di radiazione elettromagnetica distribuito ovunque nel cosmo in modo pressoché uniforme, e di intensità estremamente debole. Rivelato per la prima volta da A. Penzias e R. Wilson [55], è caratterizzato da una distribuzione spettrale di tipo Planckiano, tipico della radiazione in equilibrio termico. La sua temperatura decresce gradualmente man mano che l'Universo si espande, e attualmente corrisponde a circa 2.7 gradi Kelvin. Il modello standard prevede che la radiazione di fondo contenga anche una componente di neutrini fossili, in equilibrio termico a una temperatura leggermente superiore a quella dei fotoni fossili (si veda ad esempio [2, 3, 54]). Però, a causa della sua debolissima intensità, la componente dei neutrini non è mai stata (finora) rivelata.

[3]La temperatura della radiazione di fondo può variare da punto a punto, discostandosi dal valore medio (2.7 gradi Kelvin) con variazioni percentuali non superiori a circa un centomillesimo. Tali piccolissime disomogeneità sono state direttamente misurate per la prima volta dal satellite COBE [56] negli anni '90, e successivamente (con precisone sempre maggiore) dal satellite WMAP nella prima decade di questo secolo. Attualmente sono in corso osservazioni ancor più accurate da parte del satellite PLANCK, che ha fornito i primi risultati nel Marzo 2013.

sità di materia che hanno consentito la concentrazione e il successivo accrescimento delle strutture cosmiche (galassie, stelle, pianeti, ecc.) che oggi osserviamo? Tali variazioni di temperatura e densità non dovrebbero esistere se l'Universo fosse esattamente omogeneo (ossia uguale in tutti i punti) e isotropo (ossia uguale in tutte le direzioni), come vuole il modello standard.

Ci sono inoltre altri problemi, collegati alla geometria molto "speciale" descritta dal modello standard.

Se andiamo indietro nel tempo, ad esempio, l'Universo si concentra in regioni di spazio sempre più piccole, il suo campo gravitazionale diventa sempre più intenso, la geometria dello spazio-tempo diventa dunque – in accordo alle equazioni di Einstein – sempre più curva, eppure lo spazio tridimensionale rimane pressoché piatto, di tipo Euclideo! Come mai? Questo è il cosiddetto "problema della piattezza".

Un altro problema è quello degli "orizzonti". Secondo il modello standard, la porzione di Universo che attualmente siamo in grado di osservare – una regione di spazio enorme, che si estende attorno a noi per un raggio di poco inferiore ai 14 miliardi di anni luce – in passato era molto più piccola. Però, era comunque così larga che neanche un raggio di luce partito all'istante iniziale del Big Bang avrebbe fatto in tempo ad attraversarla tutta!

Questo significa che – secondo il modello standard – le varie porzioni di spazio che oggi osserviamo non hanno avuto il tempo necessario, in passato, per scambiarsi segnali, e quindi non hanno avuto la possibilità di interagire fisicamente (se – come crediamo – nessun segnale e nessuna interazione può propagarsi con velocità superiore a quella della luce).

Ciononostante, tutte le porzioni di Universo che oggi osserviamo sono estremamente simili tra loro (stessa densità media, stessa temperatura media, ecc.). È difficile da credere che sia un risultato casuale. Come hanno potuto dunque comunicare, superando l'"orizzonte" causale imposto dall'esistenza di una velocità limite?

Questi (e altri) problemi del modello standard, determinanti per la crisi degli anni '80, sono stati risolti modificando il modello originale e introducendo, in epoche molto remote rispetto a quella attuale, un nuovo tipo di fase cosmologica. Durante questa fase, detta "inflazione", lo spazio tridimensionale si "gonfia" con un ritmo esponenzialmente accelerato[4], aumentando vertiginosamente il suo volume in pochissimo tempo. Questo processo da una parte dà origine alle disomogeneità macroscopiche che caratterizzano l'Universo attuale[5], e dall'altra parte risolve automaticamente[6] i problemi di piattezza, orizzonti, ecc.

La seconda, importante crisi del modello cosmologico standard è quella avvenuta alla fine degli anni '90, di cui abbiamo già parlato nel paragrafo 3.2. La scoperta che l'Universo attuale è (da poco) entrato in una fase di espansione accelerata[7] ha richiesto un'ulteriore modifica del modello originale. Abbiamo visto, in particolare, che la modifica si concretizza nell'introduzione di una nuova forma di energia "oscura", e che tale energia – nella sua forma più semplice – può essere rappresentata da una costante cosmologica $\Lambda$.

È nato così il modello $\Lambda$CDM, anche detto "modello di concordanza", che rappresenta l'attuale versione del modello standard capace di far "concordare" (entro i limiti degli errori sperimentali) tutti i dati cosmologici attualmente disponibili[8]. Il modello fornisce una descrizione completa della storia dell'Universo, partendo dall'attuale epoca accelerata e andando indietro nel tempo attraverso la fase dominata dalla materia oscura, la fase dominata dalla radiazione, sempre più indietro fino all'inflazione primordiale.

La fase inflazionaria predetta da questo modello, però, non può estendersi verso il passato per un tempo infinito (o arbitrariamente lungo[9]). Se andiamo ancora indietro nel tempo secondo il modello

---

[4]L'idea, originariamente proposta da A. Guth [57], è stata poi rielaborata e perfezionata, a varie riprese, in molti lavori. Per un approfondimento dei vari aspetti della fase inflazionaria si veda ad esempio il testo di E. W. Kolb e M. S. Turner [58], oppure [3] per un testo in italiano.

[5]Il meccanismo inflazionario non produce nuove disomogeneità intrinseche, ma si limita ad amplificare le microscopiche fluttuazioni quantistiche inevitabilmente presenti nei campi materiali e nella geometria.

[6]L'inflazione, ad esempio, gonfia esponenzialmente le piccole regioni di spazio all'interno delle quali c'è stata interazione e scambio di segnali, e le rende più grandi dell'orizzonte tipico di quell'epoca (ossia più estese della massima distanza che la luce avrebbe avuto il tempo di percorrere fino a quel momento). Si veda la Fig. 6.1.

[7]L'attuale fase accelerata è qualitativamente simile, da un punto di vista dinamico, alla fase inflazionaria che l'Universo ha (o dovrebbe avere) attraversato in epoche remote. L'accelerazione dell'epoca inflazionaria, però, è estremamente più intensa di quella attuale.

[8]La sigla CDM sta per *Cold Dark Matter*, ossia materia oscura fredda. Il nome di questo modello mette in evidenza che l'Universo attuale ammette due principali tipi di sorgenti gravitazionali: la materia oscura, appunto, e la costante cosmologica $\Lambda$.

[9]Si veda ad esempio il lavoro di A. Borde, A. Guth e A. Vilenkin [59].

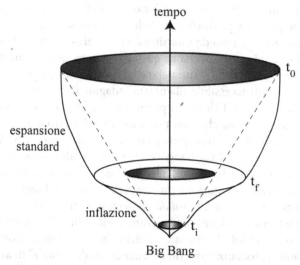

**Fig. 6.1** Un diagramma spazio-temporale che illustra qualitativamente l'espansione di una porzione di spazio, dal Big Bang all'epoca attuale $t_0$. L'asse verticale è il tempo, i piani orizzontali corrispondono a sezioni spaziali dell'Universo fatte a tempi costanti. La fase inflazionaria (di espansione esponenziale) si estende dal tempo iniziale $t_i$ al tempo finale $t_f$. La fase successiva descrive l'evoluzione prevista dal modello standard, dal tempo $t_f$ a oggi. La linea tratteggiata mostra come variano nel tempo le regioni di spazio che la luce riesce a percorrere (rappresentate in figura dalla sezioni ombreggiate). La linea continua mostra invece come si allargano le regioni di spazio a causa dell'espansione dell'Universo

standard troviamo infatti che l'inflazione ha avuto inizio a un'epoca precisa e che, prima di quell'epoca, l'Universo era rappresentato da un concentrato estremo di radiazione con energie e temperature elevatissime, immerso in uno spazio ad altissima curvatura.

In altri termini, prima dell'inflazione l'Universo era vicinissimo all'istante del Big Bang (si veda la Fig. 6.1). Ossia all'istante della "grande esplosione" che – secondo il modello standard, anche includendo le modifiche dovute all'inflazione – ha dato origine alle forme di materia ed energia che oggi osserviamo, segnando anche l'origine dello spazio e del tempo stessi. L'istante del Big Bang, infatti, rappresenta una singolarità matematica in corrispondenza della quale curvatura dello spazio-tempo e densità d'energia diventano infiniti, e qualunque modello o teoria fisica cessa di essere valido.

Se ripensiamo alle domande poste all'inizio di questo capitolo (come è nato l'Universo? che aspetto aveva all'inizio? è sempre esistito?), possiamo dunque dire che le risposte del modello cosmologico standard sono precise e piuttosto "drastiche". L'universo – ci dice il modello standard – è nato da una singolarità iniziale circa quattordici miliardi di anni fa[10], e prima di quell'epoca non esisteva niente di quello che fa parte della Natura che oggi osserviamo (o, perlomeno, niente che risulti accessibile alla nostra indagine scientifica).

La discussione sull'Universo primordiale, a questo punto, sarebbe finita, se non fosse che non possiamo prendere troppo sul serio le previsioni del modello cosmologico standard quando ci avviciniamo molto all'epoca del Big Bang. Perché? Per un validissimo motivo: perché è un modello basato sulla teoria della relatività generale, che è una teoria della gravitazione *classica*, valida anche nel regime relativistico ma certamente *non valida* nel regime *quantistico*.

Tutte le teorie classiche, infatti, hanno un dominio di validità limitato: sono valide solo finché la cosiddetta "azione" $S$ della teoria risulta grande abbastanza rispetto al "quando fondamentale" di azione (o quanto di Planck) $h$. L'azione, in questo caso, è una quantità matematica che descrive l'intensità effettiva dei processi fisici che stiamo descrivendo, tenendo conto sia delle distanze in gioco sia della durata di tali processi.

Nel nostro caso, se calcoliamo l'azione della relatività generale[11] per il campo gravitazionale cosmico previsto dal modello standard, otteniamo un numero che è direttamente proporzionale al raggio di curvatura (o raggio di Hubble) $L_H$ al quadrato, e inversamente proporzionale alla lunghezza di Planck $L_P$ al quadrato. La lunghezza $L_P$ è una costante, ma il raggio di Hubble $L_H$ varia col tempo e, in particolare, aumenta man mano che l'Universo si espande. Quindi anche l'azione aumenta con l'espansione cosmica.

---

[10]Va tenuto presente che questo numero (14 miliardi di anni), così come ogni altro numero che esprime un intervallo temporale, va sempre riferito a un particolare osservatore e a una particolare scelta del parametro usato per misurare il tempo. In questo caso i 14 miliardi di anni fanno riferimento al cosiddetto "tempo cosmico", che è la coordinata temporale di un osservatore "comovente", ossia di un osservatore che è fermo nello spazio e che si lascia "trasportare" dall'espansione cosmica attraverso lo spazio-tempo, senza opporre resistenza. Quello che è importante, in questo contesto, è che la distanza temporale che separa il Big Bang dalla nostra epoca risulta in ogni caso finita e dunque, secondo il modello standard, il nostro Universo non è "infinitamente vecchio" (ossia non è esistito per sempre).

[11]L'azione del campo gravitazionale, nella teoria della relatività generale, è determinata da una quantità geometrica detta "curvatura scalare", integrata su tutta la regione di spazio-tempo considerata, e divisa per la lunghezza di Planck al quadrato.

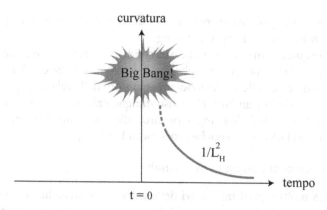

Fig. 6.2   La curvatura dell'Universo secondo il modello cosmologico standard. Avvicinandosi all'istante della singolarità iniziale (Big Bang) il raggio di Hubble $L_H$ tende a zero e la curvatura (che è proporzionale a $1/L_H^2$) tende all'infinito

Al giorno d'oggi l'Universo è molto ampio, la lunghezza $L_H$ è molto grande, e l'azione gravitazionale soddisfa facilmente la condizione $S \gg h$ che caratterizza il regime classico, e che garantisce la validità della relatività generale e del modello cosmologico standard.

Se andiamo indietro nel tempo, però, abbiamo un Universo che diventa sempre curvo e concentrato (si veda la Fig. 6.2): il raggio di Hubble diventa in proporzione sempre più piccolo, e tende addirittura a zero quando l'Universo si avvicina all'istante iniziale del Big Bang. In questa situazione è chiaro che anche l'azione del campo gravitazionale (che è proporzionale a $L_H^2$) diventa arbitrariamente piccola: la condizione che garantisce la validità di un modello classico (come quello cosmologico standard) a un certo punto viene quindi violata, e da quel momento si entra necessariamente nel regime della fisica quantistica.

Per descrivere le epoche cosmologiche molto vicine al Big Bang non è dunque corretto applicare la relatività generale, ma bisogna applicare una teoria della gravità valida anche nel regime quantistico. Esiste tale teoria?

La teoria delle stringhe, come abbiamo visto nel Capitolo 5, non solo *può* descrivere l'interazione gravitazionale, ma addirittura *deve* includere tale interazione in un contesto quantistico per risultare una teoria completa e formalmente consistente. Inoltre, è una teoria valida per tutte le interazioni a scale di energia arbitrariamente elevate, e quindi può essere applicata per descrivere l'Universo in epoche arbitrariamente vicine al Big Bang.

In quel regime, caratterizzato da condizioni fisiche estreme, le equazioni della teoria delle stringhe che descrivono le forze gravitazionali sono diverse dalle corrispondenti equazioni della relatività generale e del modello standard. Ha senso dunque chiedersi: cosa ci dice di nuovo la teoria delle stringhe riguardo alla cosmologia? In particolare, cosa ci dice sulle epoche prossime al Big Bang?

## 6.1 La cosmologia delle stringhe

Tra i molti aspetti innovativi della teoria delle stringhe ce ne sono due, in particolare, che potrebbero giocare un ruolo importante in ambito cosmologico.

Il primo aspetto riguarda la simmetria duale che abbiamo illustrato nel paragrafo 5.5. Per rispettare questa simmetria in un contesto cosmologico, ogni fase con curvatura *decrescente*, che descrive un Universo in espansione da $t = 0$ e per valori positivi della coordinata temporale (si veda la Fig. 6.2), deve essere associata a una fase "gemella" a curvatura *crescente*, che descrive l'Universo per valori negativi di $t$ fino a $t = 0$.

Se applichiamo questa condizione all'attuale fase cosmologica descritta dal modello standard, successiva al Big Bang, otteniamo che questa fase dovrebbe essere accompagnata da una fase "duale" che ha proprietà specularmente simmetriche rispetto a quella standard, e che è *precedente* al Big Bang (si veda la Fig. 6.3). Vista la loro collocazione temporale, viene naturale chiamare queste due epoche cosmologiche coi nomi espliciti di fase di *pre-big bang* e fase di *post-big bang*[12].

Per entrambe le fasi illustrate nella Fig. 6.3 il raggio di Hubble tende a zero (e la curvatura diventa infinita) nel limite in cui ci approssimiamo all'istante del Big Bang, $t = 0$. Istante che − come risulta evidente dalla figura − rappresenta una singolarità *futura* per la fase di pre-big bang, e una singolarità *passata* per la fase di post-big bang nella quale stiamo vivendo.

---

[12]Lo scenario cosmologico del "pre-big bang" suggerito dalla teoria delle stringhe è stato formulato e discusso in dettaglio nei lavori di M. Gasperini e G. Veneziano (si veda ad esempio [60]). Si veda anche il testo [61] per un'ampia esposizione qualitativa di questo scenario, e il testo [39] per un'introduzione più tecnica.

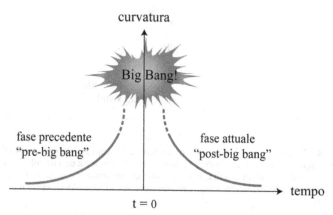

curvatura

Big Bang!

fase precedente
"pre-big bang"

fase attuale
"post-big bang"

tempo

t = 0

**Fig. 6.3** In un modello cosmologico che rispetti la simmetria duale la fase di evoluzione standard a curvatura decrescente, successiva al Big Bang, deve essere accompagnata da una fase a curvatura crescente, precedente al Big Bang

Se questa fosse la situazione reale del nostro Universo le due epoche cosmologiche sarebbero separate da una singolarità spazio-temporale, e non potrebbero avere alcun collegamento fisico reciproco. Anche se la fase di pre-big bang esiste (o meglio, è esistita), resterebbe per sempre confinata in una regione di spazio-tempo per noi inaccessibile: nessun segnale fisico (diretto o indiretto), nessuna radiazione, nessuna interazione (non importa quanto intense) potrebbero mai superare la barriera di curvatura infinita e raggiungere la nostra epoca.

È a questo punto, però, che ci viene in aiuto un secondo rilevante aspetto della teoria delle stringhe: l'esistenza della distanza minima $L_S$ che, come sottolineato nel paragrafo 5.5, caratterizza le dimensioni tipiche di una stringa quantizzata.

Distanze più piccole di $L_S$, per una stringa, non hanno senso fisico. Perciò, in uno scenario cosmologico consistente con la teoria delle stringhe, anche il raggio di Hubble $L_H$ deve risultare sempre maggiore di questa distanza minima.

Ma se $L_H$ non può tendere a zero o diventare piccolo a piacere, allora la curvatura (proporzionale a $1/L_H^2$) non può diventare grande a piacere o infinita! Quando $L_H$ raggiunge il valore minimo $L_S$ la curvatura raggiunge il suo massimo $1/L_S^2$, e da quel momento in poi può solo stabilizzarsi su quel valore, oppure cominciare a decrescere.

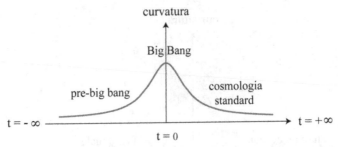

**Fig. 6.4** La curvatura dell'Universo in funzione del tempo per un tipico modello di cosmologia di stringa. L'epoca del Big Bang non corrisponde a una singolarità, ossia a uno stato di curvatura infinita, ma a una fase di curvatura massima. Il modello si può estendere nel tempo senza limiti, in principio fino all'infinito, sia verso il passato che verso il futuro

Nel contesto della cosmologia di stringa[13], la singolarità del Big Bang prevista dal modello standard e localizzata a $t = 0$ tende dunque a scomparire, per essere sostituita da una fase di curvatura massima, estremamente elevata ma finita: la cosiddetta "fase di stringa".

Combinando la simmetria duale e l'esistenza di una lunghezza fondamentale la teoria di stringa suggerisce quindi un completamento dello scenario standard che estende la descrizione dell'Universo all'indietro nel tempo, oltre il Big Bang, in principio all'infinito (si veda la Fig. 6.4). L'epoca del Big Bang rimane, ma, in questo contesto, perde il ruolo (quasi mistico) di "singolarità iniziale" per diventare, molto più semplicemente, solo un'epoca di transizione tra la fase di curvatura crescente e quella di curvatura decrescente.

Lo stato iniziale dell'Universo, in questo contesto, non è più localizzato a $t = 0$ ma va ricercato in un passato inimmaginabilmente lontano, situato a una distanza temporale infinita dalla nostra epoca. È un cosiddetto "stato asintotico" della teoria delle stringhe, ossia uno stato limite che non viene mai raggiunto pienamente ma solo realizzato in modo approssimato, con approssimazione tanto più buona quanto più ci spingiamo all'indietro nel tempo verso il limite $t = -\infty$.

Lo stato che si ottiene in questo limite viene chiamato "vuoto perturbativo di stringa". Questo stato, come appare chiaramente anche dalla Fig. 6.4, risulta per molti aspetti specularmente simmetrico a quello che si potrebbe realizzare in futuro se l'Universo continuas-

---

[13]Ovvero, la cosmologia basata sulla teoria delle stringhe.

se a espandersi per sempre: uno stato iniziale a curvatura (e densità) trascurabile, estremamente piatto, vuoto e freddo. Una situazione davvero differente dallo stato iniziale esplosivo, caldo, estremamente curvo e concentrato previsto dal modello standard!

L'unica (ma importante) asimmetria tra lo stato iniziale e finale dell'Universo, secondo la cosmologia di stringa, è rappresentata dalla intensità delle interazioni fondamentali.

Tale intensità, come abbiamo visto nel paragrafo 5.4.1, è controllata dalla costante di accoppiamento $g_S^2$. Questa costante tende a zero nel limite asintotico dello stato iniziale (il cosiddetto vuoto perturbativo, infatti, è caratterizzato da interazioni piccole a piacere). Nella fase di pre-big bang, però, $g_S^2$ è destinato inevitabilmente a crescere (come la curvatura): raggiunge il limite di forte accoppiamento in prossimità della fase di stringa, e potrebbe crescere ancora se non venisse opportunamente stabilizzato ai valori che oggi osserviamo.

La transizione dal pre-big bang al post-big bang avviene dunque, secondo la cosmologia di stringa, ad alta curvatura e nel regime di forti interazioni. In tale contesto, come vedremo nel paragrafo successivo, l'Universo tende facilmente a riempirsi di stringhe o – più generalmente – di oggetti estesi come le $p$-brane (se lo spazio è multidimensionale). Lo scenario del pre-big bang, suggerito dalla cosmologia di stringa, ci porta dunque inevitabilmente a considerare anche una possibile "cosmologia delle membrane".

## 6.2 La cosmologia delle membrane

Nella fase cosmologica con alta curvatura e forti interazioni, che si instaura verso la fine della fase di pre-big bang, la produzione spontanea di membrane dal vuoto diventa non solo possibile ma anche altamente probabile. Perché?

Dobbiamo ricordare, innanzitutto, che l'evoluzione della geometria cosmica durante la fase di pre-big bang avviene in modo accelerato, e quindi è un'evoluzione di tipo inflazionario[14]. Durante l'inflazione, d'altra parte, vengono amplificati tutti i tipi di fluttuazioni del vuoto, sia quelle della geometria che quelle dei vari cam-

---

[14]Come quella dell'inflazione descritta all'inizio di questo capitolo, con l'unica differenza che è caratterizzata da curvatura crescente anziché decrescente, perché è precedente al Big Bang anziché successiva.

pi presenti nel modello. Questo effetto di amplificazione può essere rappresentato, da un punto di vista della teoria quantistica dei campi, come una produzione effettiva di coppie di particelle[15] dal vuoto. Oltre alle particelle, però, la teoria delle stringhe prevede anche l'esistenza di oggetti estesi: le cosiddette $p$-brane di cui abbiamo già parlato nel paragrafo 5.5.1. Il valore di $p$ (ossia, il numero di dimensioni dell'oggetto) non può ovviamente superare il numero di dimensioni spaziali presenti nel modello: vale a dire, 10 se stiamo usando la teoria M, oppure 9 se stiamo usando la teoria delle superstringhe, o anche un numero inferiore se assumiamo che qualcuna delle dimensioni *extra* sia già stata compattificata.

In ogni caso, il meccanismo fisico di amplificazione inflazionaria che dà luogo alla creazione di particelle (ovvero di 0-brane) può dar luogo, allo stesso modo, alla creazione di $p$-brane, con $p$ diverso da zero. L'energia richiesta per la produzione di una coppia di $p$ brane, però dipende dalla loro "tensione" (ossia dalla loro massa diviso il loro volume $p$-dimensionale), e la tensione, a sua volta, risulta inversamente proporzionale alla costante di accoppiamento $g_S$.

All'inizio della fase di pre-big bang, ossia vicino al vuoto perturbativo di stringa dove $g_S$ ha un valore molto piccolo, la tensione delle $p$-brane risulta molto elevata ed è dunque necessaria una grande fluttuazione d'energia del vuoto per produrle. La produzione spontanea è possibile, ma molto improbabile.

Verso la fine della fase di pre-big bang, ossia vicino all'epoca di curvatura massima dove l'accoppiamento $g_S$ diventa sufficientemente intenso, la tensione risulta invece molto più bassa e ci vuole poca energia per produrre una coppia di $p$-brane. Ecco dunque perché in quell'epoca le $p$-brane vengono prodotte facilmente, e lo spazio-tempo multidimensionale tende a riempirsi di oggetti estesi che interagiscono tra loro e si avvolgono intorno alle dimensioni compatte (si veda a questo proposito il paragrafo 5.5.1).

Parliamo un po' delle interazioni tra queste membrane. Come abbiamo visto nel paragrafo 2.4 per le membrane di Dirichlet, le interazioni fondamentali tendono a essere confinate sulle membrane per-

---

[15]Per rispettare la conservazione della carica totale, del momento angolare totale, e di altre quantità fisiche, la produzione deve sempre avvenire in coppia: a ogni particella prodotta deve essere associata la corrispondente antiparticella, con carica opposta, momento angolare opposto, ecc.

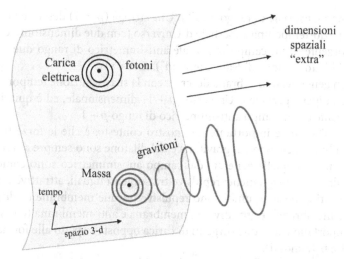

**Fig. 6.5** La figura mostra due possibili sorgenti di interazione posizionate su una membrana a tre dimensioni. In alto c'è una carica, sorgente del campo elettromagnetico: le onde elettromagnetiche (ovvero i fotoni) ad esso associati rimangono sulla membrana. In basso c'è una massa, sorgente del campo gravitazionale: le onde gravitazionali (ovvero i gravitoni) ad esso associati lasciano la membrana e si diffondono anche nelle dimensioni spaziali esterne

ché le cariche, sorgenti di queste interazioni, sono localizzate sugli estremi delle stringhe aperte, e gli estremi sono rigidamente vincolati a muoversi sulle membrane.

C'è un'eccezione, però. La forza gravitazionale è trasmessa dalle stringhe chiuse, e queste possono propagarsi anche al di fuori delle membrane, su tutto la spazio disponibile (si veda la Fig. 6.5). Le varie membrane e anti-membrane prodotte dalla fase di pre-big bang possono dunque interagire tra loro gravitazionalmente.

La forza gravitazionale totale che agisce tra le membrane, secondo la teoria delle stringhe, ha varie componenti. Oltre alla componente tensoriale simmetrica, rappresentata dal gravitone, e alla componente scalare, rappresentata dal dilatone, c'è anche quella tensoriale antisimmetrica rappresentata dalle cosiddette "forme di Kalb-Ramond".

Quest'ultima componente generalizza al caso di un oggetto $p$-dimensionale l'ordinario campo di forze vettoriali generato da una carica puntiforme. Infatti, un oggetto puntiforme ($p = 0$) descrive nello spazio-tempo una traiettoria che ha una sola dimensione (la linea d'Universo), ed è sorgente di un campo vettoriale (ovvero di un campo tensoriale di rango uno[16]). Una stringa ($p = 1$) descrive nello spazio-tempo una superficie d'Universo (con due dimensioni), ed è sorgente di un campo tensoriale antisimmetrico di rango due (il cosiddetto "assione di Kalb-Ramond"). E così via.

In generale, una $p$-brana descrive con la sua evoluzione temporale una ipersuperficie d'Universo $(p + 1)$-dimensionale, ed è quindi sorgente di un campo antisimmetrico di rango $p + 1$.

Quello che è importante, nel nostro contesto, è che le forze tra membrane generate dal gravitone e dal dilatone sono sempre attrattive, mentre quelle generate dal campo antisimmetrico sono come quelle elettromagnetiche: repulsive tra sorgenti uguali, attrattive tra sorgenti opposte. Quindi sono repulsive tra due membrane (o due anti-membrane), e attrattive tra membrana e anti-membrana (che si comportano come due sorgenti di carica opposta rispetto alle forma di Kalb-Ramond).

Se prendiamo allora due membrane identiche, inizialmente statiche e parallele tra loro, in uno stato perfettamente simmetrico detto[17] configurazione BPS, troviamo che le forze di tipo attrattivo e di tipo repulsivo si compensano esattamente a vicenda, e l'interazione netta risultante è nulla. Se abbiamo invece una membrana e un'anti-membrana la forza gravitazionale reciproca è sempre diversa da zero e attrattiva, qualunque sia la loro configurazione iniziale.

Poiché membrane e anti-membrane si attirano esse tendono dunque a collidere (si veda la Fig. 6.6). Le collisioni diventano tanto più frequenti e inevitabili quanto più ci avviciniamo all'epoca di curvatura massima, corrispondente alla transizione tra pre-big bang e post-big bang. Se – come suggerito dallo scenario dell'Universo "a membrana" del paragrafo 2.4 – il nostro Universo tridimensionale macroscopico non è altro che una di queste membrane (in particolare, una 3-brana) immersa nello spazio multidimensionale esterno, allora potrebbe essere stata proprio la collisione della nostra "membrana-Universo" con un'anti-membrana a simulare l'esplosione del Big Bang, e a innescare la transizione verso la fase cosmologica standard.

---

[16]Il rango di un tensore è dato dal numero di indici spazio-temporali che caratterizzano la sua esplicita rappresentazione, e che "contano" il numero delle sue componenti. Ad esempio, un tensore di rango 1 è rappresentato da un oggetto con un solo indice: $A_\mu$. Un tensore di rango 2 è rappresentato da un oggetto con due indici: $F_{\mu\nu}$. E così via.

[17]Dalle iniziali dei nomi Bogolmon'y-Prasad-Sommerfeld.

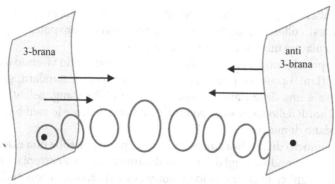

**Fig. 6.6**  Membrane e anti-membrane tendono a collidere perché la forza gravitazionale reciproca è sempre attrattiva (come la forza elettrica tra una particella carica e la corrispondente antiparticella). In particolare, la collisione della 3-brana che corrisponde al nostro Universo macroscopico con un'anti-3-brana potrebbe aver simulato l'esplosione del Big Bang

### 6.2.1 L'Universo "ekpyrotico"

Il modello di Big bang come scontro di due membrane è stato originariamente suggerito nel contesto del cosiddetto scenario "ekpyrotico"[18], anch'esso basato sulla teoria delle stringhe e sulla teoria M. In quel caso, però, a scontrarsi tra loro non sono membrane e anti-membrane, bensì le due 3-brane corrispondenti ai bordi (spazialmente tridimensionali) di uno spazio-tempo a cinque dimensioni (le restanti sei dimensioni spaziali della teoria M sono compattificate e descritte da una geometria di Calabi-Yau).

Nello scenario ekpyrotico la quinta dimensione dello spazio-tempo – quella perpendicolare ai bordi che collidono – si contrae man mano che le membrane dei bordi si avvicinano, tende a zero al momento della collisione, e poi si riespande (con una specie di "rimbalzo") a collisione avvenuta. La distanza tra i due bordi, però, non diventa mai infinita a causa della reciproca interazione: la quinta dimensione a un certo punto smette di espandersi, resta un attimo in equilibrio, e poi ritorna a contrarsi.

Si può dunque realizzare, in questo contesto, uno scenario cosmologico "ciclico"[19] in cui le due membrane ai bordi dello spazio-tempo

---

[18]Si veda ad esempio il lavoro di J. Khoury, B. A. Ovrut, P. J. Steinhardt e N. Turok [62]. Il nome deriva dal greco, e significa "emergere dal fuoco" (con riferimento al mito dell'Araba Fenice).

[19]Si veda ad esempio il lavoro di P. J. Steinhardt e N. Turok [63].

periodicamente si avvicinano, collidono, si allontanano, per poi riavvicinarsi, collidere ancora, e così via. Il processo sembra potersi ripetere a piacere un numero arbitrario di volte.

Se prendiamo sul serio questo scenario noi staremmo vivendo una delle (tante) possibili fasi di evoluzione cosmologica standard, successiva a una delle (tante) possibili epoche di Big Bang, nell'attesa che i bordi dello spazio-tempo tornino ad avvicinarsi e le membrane collidano di nuovo.

Il numero di cicli fisicamente permessi, però, potrebbe non essere infinito. Secondo le leggi della termodinamica, infatti, l'entropia prodotta a ogni ciclo cosmologico si conserva e si accumula con quella dei cicli precedenti e seguenti. Se – come suggerito da alcune proprietà fisiche degli orizzonti cosmologici[20] – c'è un limite massimo all'entropia compatibile con la porzione di spazio racchiusa entro il raggio di Hubble, allora l'Universo ciclico deve arrivare, prima o poi, a saturare quel limite. Da quel momento in poi il sistema cosmico raggiunge l'equilibrio, e la sequenza dei cicli cessa.

Se questo è il caso, il numero di cicli permesso resta comunque estremamente grande: poiché l'entropia massima associata all'attuale orizzonte cosmologico[21] è dell'ordine di $10^{122}$, e poiché la corrispondente entropia associata alla fase di evoluzione standard[22] è dell'ordine di $10^{90}$, ci vogliono circa $10^{32}$ cicli per raggiunger l'equilibrio!

Inoltre, un osservatore confinato all'interno di un ciclo (come noi) non è in grado di distinguere in quale ciclo sta vivendo: infatti, "vede" solo l'entropia prodotta dal suo ciclo, la vede diluirsi nella fase finale, e quindi la sua epoca gli sembra esattamente uguale a quella del ciclo precedente e a quella del ciclo successivo.

A ogni ciclo, nella fase che precede la collisione delle membrane, la curvatura dello spazio-tempo cresce proprio come nella fase di pre-big bang che abbiamo già introdotto nel paragrafo 6.1. Lo scenario ekpyrotico, però, è radicalmente diverso dal pre-big bang perché nella fase precedente la collisione l'intensità delle interazioni (con-

---

[20] Si veda ad esempio il lavoro di N. Goheer, M. Kleban e L. Susskind [64].

[21] L'entropia massima è determinata dall'area della superficie sferica con raggio pari a quello di Hubble, misurata in unità di lunghezze di Planck. Quindi è un numero dell'ordine di $L_H^2/L_P^2$.

[22] La densità di entropia della radiazione termica è proporzionale alla sua temperatura $T_H$ elevata al cubo. L'entropia della radiazione contenuta in un volume cosmologico di raggio $L_H$ è quindi un numero dell'ordine di $T_H^3 L_H^3$.

trollate dalla costante d'accoppiamento $g_S$) *diminuisce*, anziché aumentare come nel pre-big bang. Inoltre, la fase di pre-big bang descrive un'espansione accelerata, di tipo inflazionario, mentre la fase ekpyrotica di pre-collisione descrive un Universo in contrazione.

I problemi tipici associati alla cosmologia standard (piattezza, orizzonti, ecc.) vengono risolti dallo scenario ekpyrotico grazie alla fase di contrazione, senza richiedere la presenza di un'epoca inflazionaria di tipo convenzionale[23]. L'inflazione, però, non è incompatibile con la cosmologia delle membrane, e può essere realizzata anche nella sua versione più convenzionale come ci mostra il modello presentato nel paragrafo successivo.

### 6.2.2 Inflazione e anti-membrane

Per riprodurre una fase inflazionaria grazie al meccanismo delle membrane interagenti bisogna ritornare al modello in cui la 3-brana che rappresenta il nostro Universo è sottoposto al campo gravitazionale attrattivo di un'anti-3-brana.

Supponiamo che le due membrane siano immerse in uno spazio multidimensionale con $n$ dimensioni *extra*, opportunamente stabilizzate in una configurazione compatta. Le varie componenti della forza gravitazionale non si cancellano, e la distanza $Y$ tra membrana e anti-membrana si comporta come un campo scalare che controlla l'intensità della loro reciproca attrazione. La corrispondente energia potenziale, tenuto conto di tutti i contributi (gravitone, dilatone, forme di Kalb-Ramond) risulta proporzionale a $Y^{n-4}$.

Per un modello basato sulle superstringhe, in particolare, il numero totale di dimensioni spaziali è $D - 1 = 9$. Le membrane, d'altra parte, hanno $p = 3$ dimensioni, per cui $n = D - 1 - p = 6$. L'energia potenziale varia allora con la distanze come $1/Y^4$.

La presenza dell'anti-membrana induce quindi una nuova interazione effettiva sulla 3-brana che corrisponde al nostro Universo. Questa interazione è descritta dal campo scalare $Y$, ha un'energia potenziale che aumenta man mano che le due membrane si avvicinano; inoltre, e soprattutto, è in grado di produrre un'espansione accelerata dello spazio della 3-brana. Produce quindi una fase cosmologica che risulta di tipo inflazionario, a tutti gli effetti.

---

[23]Questa differenza, come vedremo, si rispecchia nelle diverse proprietà della radiazione gravitazionale prodotta.

Se le due membrane interagiscono attraverso uno spazio esterno piatto, con una topologia di tipo Euclideo, l'energia di interazione varia però troppo rapidamente con la reciproca distanza: di conseguenza, la fase inflazionaria così ottenuta non è abbastanza efficiente per risolvere tutti i problemi del modello standard. Per un modello efficiente si dovrebbe poter "rallentare" la variazione dell'energia potenziale, rendendola meno sensibile alla distanza tra le due membrane. Ciò può avvenire in due modi.

Una prima possibilità[24] è quella che le dimensione *extra*, pur essendo caratterizzate da una geometria piatta, abbiano la topologia di un "toro" $n$-dimensionale, con sezioni spaziali rappresentate da cerchi di raggio $r$.

Quando l'anti-membrana si trova a una distanza dalla membrana che è dell'ordine di $r$ si forma allora un "reticolo" $n$-dimensionale di immagini dell'anti-membrana[25], e l'energia potenziale effettiva che agisce sulla membrana dipende solo dalla sua distanza dal centro di una "cella" di questo reticolo. In questo caso la variazione del potenziale è sufficientemente lenta da produrre un'inflazione efficiente.

Una seconda possibilità[26] è che lo spazio esterno alla membrana sia curvo, e caratterizzato da una geometria di anti-de Sitter[27].

La distanza tra la nostra membrana-Universo e l'anti-membrana viene allora deformata dalla presenza della geometria curva, e l'energia potenziale della loro interazione viene modificata di conseguenza. La geometria, in particolare, tende ad "allungare" la distanza tra le membrane, per cui l'energia potenziale tende a decrescere più lentamente con la distanza e quindi, anche in questo caso, l'inflazione prodotta soddisfa i requisiti richiesti per essere efficiente.

---

[24]Si veda ad esempio il lavoro di C. Burgess, M. Majumdar, D. Nolte, F. Quevedo, G. Rajesh e Ren-Jie Zang [65].

[25]Il reticolo è dovuto alla topologia, perché la forza prodotta dall'anti-membrana può agire sulla membrana propagandosi lungo i cerchi del toro in un senso e in quello opposto, e quindi arrivando da più direzioni, come se ci fosse più di una anti-membrana a fare da sorgente.

[26]Si veda ad esempio il lavoro di S. Kachru, R. Kallosh, A. D. Linde. J. M. Maldacena, L. P. McAllister e S. P. Trivedi [66].

[27]Geometrie di questo tipo sono associate alla presenza di una costante cosmologica negativa, e si ottengono come tipiche soluzioni delle equazioni gravitazionali nei modelli supersimmetrici (quali, ad esempio, i modelli di superstringa).

Riassumendo, possiamo dire che i modelli cosmologici basati sulle stringhe e sulle membrane aprono nuove e interessanti prospettive sull'evoluzione dell'Universo primordiale. Ci forniscono diverse interpretazioni geometriche della fase inflazionaria (evoluzione accelerata dal vuoto perturbativo iniziale, interazione gravitazionale tra membrane, ecc.), e possibili meccanismi per il Big Bang. Ma, soprattutto, ci suggeriscono che l'Universo poteva esistere (anche se in forma molto diversa da quello attuale) anche prima del Big Bang. C'è qualche modo di verificare sperimentalmente questa affascinate possibilità?

## 6.3 Segnali da epoche precedenti il Big Bang?

Se il Big Bang non corrisponde a una singolarità iniziale (come vorrebbe invece il modello standard), e se l'Universo, lo spazio, il tempo sono esistiti anche prima del Big Bang (come suggerisce la teoria delle stringhe), allora è lecito chiedersi se sia possibile trovare qualche traccia fisica delle epoche precedenti al Big Bang sopravvissuta fino a oggi.

Una di queste tracce potrebbe essere rappresentata dalla presenza, nel fondo di radiazione cosmica, di zone concentriche caratterizzate da una variazione della temperatura molto più bassa della variazione media.

Un segnale di questo tipo è previsto, in particolare, dal cosiddetto "scenario CCC" (ovvero, scenario di Cosmologia Ciclica Conforme[28]), secondo il quale l'evoluzione dell'Universo consiste in una ripetizione continua di cicli di espansione sempre più ampi, ognuno dei quali parte con un Big Bang iniziale e finisce con una fase accelerata del tipo di quella che stiamo attualmente vivendo. Non c'è nessuna fase inflazionaria all'inizio di un ciclo, perché la fase accelerata finale fornisce tutta l'inflazione necessaria per il ciclo successivo.

In questo scenario, a differenza di quello ekpyrotico, non c'è un limite termodinamico al numero di cicli possibili. In ogni ciclo, infatti, il contributo maggiore alla produzione di entropia viene dalla formazione di giganteschi "buchi neri" al centro di ogni galassia, ognuno dei quali contribuisce con un'entropia proporzionale all'area del suo

---

[28]Descritto in un recente libro di R. Penrose [67].

"orizzonte degli eventi"[29]. I cicli sono così lunghi, d'altra parte, che tutti questi buchi neri hanno il tempo di evaporare emettendo radiazione con un processo quantistico[30], e ristabilendo l'entropia a valori sufficientemente bassi prima dell'inizio del ciclo successivo.

Prima di evaporare, però, questi enormi buchi neri galattici hanno il tempo di collidere tra loro. Gli scontri sono molto rari ma, quando avvengono, producono un'intensa emissione di energia sotto forma di radiazione gravitazionale, in tutte le bande di frequenza. Questa radiazione è estremamente penetrante e si propaga per tutta la durata del ciclo, fino al ciclo successivo.

Nel ciclo successivo queste onde gravitazionali primordiali appaiono come esplosioni di energia sfericamente simmetriche, centrate attorno a un punto dello spazio corrispondente al luogo in cui è avvenuta la collisione. Questa energia agisce sulla materia e sulla radiazione influenzando la loro temperatura effettiva in una regione di spazio circolare, e lasciando come traccia una variazione termica che risulta più bassa della variazione media riferita agli altri punti dello spazio[31]. Poiché un buco nero può avere più di una collisione, ci possono essere varie esplosioni gravitazionali localizzate all'incirca nello stesso punto dello spazio ma avvenute in tempi diversi: si producono quindi regioni caratterizzate da una bassa variazione di temperatura disposte (approssimativamente) come anelli concentrici.

È sorprendente che tali strutture concentriche siano in effetti distinguibili nei recenti dati sulla radiazione cosmica di fondo [68]. Purtroppo però non è del tutto chiaro, al momento, se queste zone anomale "ad anello" rappresentino reali segnali fisici provenienti da un'epoca precedente al "nostro" Big Bang, o rientrino invece nel "ru-

---

[29]Un buco nero è una concentrazione di materia così densa da occupare una porzione di spazio di raggio inferiore al suo raggio di Schwarzschild, che per un buco nero statico vale $2ML_p^2$, dove $M$ è la sua massa totale. Se prendiamo la massa della Terra, ad esempio, otteniamo come raggio di Schwarzschild una distanza di poco inferiore al centimetro. All'esterno del buco nero, la superficie della sfera con raggio pari a quello di Schwarzschild rappresenta il cosiddetto orizzonte degli eventi: una superficie all'interno della quale l'attrazione gravitazionale è talmente intensa che nessuna particella e nessun segnale fisico riesce a propagarsi verso l'esterno (perlomeno secondo le leggi della fisica classica).

[30]È la cosiddetta "radiazione di Hawking". L'orizzonte del buco nero, se teniamo conto degli effetti quantistici, si comporta come un corpo caldo che emette radiazione con una temperatura inversamente proporzionale al suo raggio $2ML_p^2$. A causa di questa emissione di energia la massa del buco nero diminuisce e il raggio dell'orizzonte diventa sempre più piccolo, fino a scomparire del tutto quando il processo di evaporazione è terminato.

[31]Si veda ad esempio il recente lavoro di V. G. Gurzadyan e R. Penrose [68].

more di fondo" (ossia nella imprecisione) dei dati attuali. Sembra comunque che tali strutture, se esistono, non siano facilmente spiegabili nel contesto del modello cosmologico standard, neanche nella sua versione attualmente più completa di tipo $\Lambda$CDM.

Ci sono però altre tracce, forse più dirette, di eventuali epoche cosmiche precedenti al Big Bang che potremmo ottenere mediante l'osservazione della radiazione gravitazionale fossile e lo studio del suo spettro.

### 6.3.1 Il fondo di gravitoni fossili

L'epoca inflazionaria, come abbiamo già visto nel paragrafo 6.2, è in grado di amplificare tutte le microscopiche fluttuazioni dei campi e della geometria inevitabilmente presenti a livello quantistico, producendo in questo modo coppie di particelle dal vuoto. Le fluttuazioni geometriche, in particolare, sono associate a fluttuazioni del campo gravitazionale: la loro amplificazione porta alla produzione di gravitoni, e quindi alla formazione di un fondo di radiazione cosmica di tipo gravitazionale.

Le onde gravitazionali, d'altra parte, sono la forma di radiazione che risulta di gran lunga la più penetrante tra tutti i tipi di radiazione nota. Facciamo il confronto, ad esempio, con la radiazione elettromagnetica.

L'Universo è diventato trasparente alla radiazione elettromagnetica quando la temperatura cosmica è scesa al di sotto di circa tremila gradi Kelvin, un valore circa mille volte più grande della temperatura attuale $T_0$. È una temperatura molto elevata, che caratterizzava l'Universo in un'epoca certamente remota. Ma è niente in confronto alla temperatura al di sotto della quale l'Universo è diventato trasparente alla radiazione gravitazione: la temperatura di Planck $T_P$, pari a circa $10^{32}$ volte la temperatura attuale!

Questo significa, in pratica, che le onde gravitazionali cosmiche ci possono portare "fotografie" dell'Universo primordiale risalenti a epoche così lontane da risultare ormai "dimenticate" per sempre da tutti gli altri tipi di segnali e di radiazioni. L'osservazione di un fondo cosmico di gravitoni primordiali rappresenterebbe quindi uno strumento unico per ottenere informazioni di prima mano sull'Universo più remoto fisicamente accessibile.

Potrebbe anche esistere, in particolare, una radiazione gravitazionale fossile proveniente da epoche precedenti al Big Bang. Se ci fosse, come potremmo riconoscerla e distinguerla, ad esempio, da quella prodotta dalla fase inflazionaria del modello standard? Per rispondere a questa domanda dobbiamo innanzitutto osservare che l'amplificazione inflazionaria delle fluttuazioni gravitazionali (ovvero, la produzione di gravitoni dal vuoto) non avviene con la stessa intensità per tutte le fluttuazioni. Certe lunghezze d'onda vengono amplificate più di altre (o meno di altre) e, di conseguenza, lo "spettro" dei gravitoni prodotti[32] è caratterizzato da intensità diverse su diverse "bande" (ovvero intervalli) di frequenza.

Infatti, come già accennato nel paragrafo 3.3, le fluttuazioni quantistiche si possono scomporre in tante piccole onde che oscillano con frequenze diverse. Queste onde, proprio a causa della loro natura di fluttuazioni del vuoto, soddisfano a un'importante condizione: la loro ampiezza è proporzionale alla loro frequenza, e quindi inversamente proporzionale alla loro lunghezza d'onda $\lambda$.

A causa dell'espansione dell'Universo tutte le frequenza diminuiscono (perché, come sottolineato anche nel paragrafo 3.2, le distanze aumentano col dilatarsi della geometria spaziale). L'ampiezza effettiva di una fluttuazione quantistica, proporzionale alla frequenza, tende dunque a decrescere nel tempo; la sua lunghezza d'onda $\lambda$, invece, cresce.

Anche il raggio di Hubble $L_H$, che controlla l'estensione dell'orizzonte cosmologico (ossia della porzione di spazio entro la quale c'è stato il tempo di scambiare segnali e di interagire), può crescere. Durante l'inflazione, però, la crescita di $L_H$ è sempre più lenta[33] di quella di $\lambda$. Ne consegue che, grazie all'inflazione, anche lunghezze d'onda inizialmente molto piccole possono diventare, prima o poi, uguali al raggio dell'orizzonte $L_H$.

Dal momento in cui $\lambda$ raggiunge e supera $L_H$ non ha più senso parlare di oscillazioni, perché non è più possibile apprezzare fisicamente le variazioni nello spazio e nel tempo dell'intensità di queste onde (i loro massimi e minimi sono separati da distanze superiori al

---

[32]Con il termine "spettro", o distribuzione spettrale, intendiamo in particolare l'energia media dei gravitoni prodotti per unità di volume e per intervallo logaritmico di frequenza. Questa quantità rappresenta, fisicamente, la densità d'energia del fondo di gravitoni a ogni fissato valore di frequenza.

[33]In alcuni tipi di inflazione il raggio dell'orizzonte $L_H$ può anche non crescere, e restare costante come nei modelli inflazionari basati sulla geometria di de Sitter, o addirittura descrescere come nei modelli inflazionati basati sulla teoria delle stringhe (si veda il paragrafo 6.1).

raggio dell'orizzonte). L'ampiezza delle fluttuazioni rimane dunque "congelata" (ossia costante, a tutti gli effetti) al valore che aveva al momento in cui $\lambda = L_H$. Poiché l'ampiezza è proporzionale a $1/\lambda$, l'ampiezza finale delle fluttuazioni congelate risulta proporzionale al valore di $1/L_H$ – e quindi al valore della curvatura[34] – che caratterizzava l'Universo al momento del congelamento.

Le varie onde si "scongelano" nella fase successiva all'inflazione, quando l'Universo infine decelera e $L_H$ riprende a crescere più velocemente di $\lambda$. Succede allora che, poco alla volta, una dopo l'altra, le lunghezze d'onda riprendono a essere minori del raggio di Hubble, e tutte le ondicelle quantistiche riprendono a oscillare. Il congelamento, però, ha bloccato la diminuzione delle loro ampiezze per un certo periodo, e dunque ha prodotto un'amplificazione effettiva di queste fluttuazioni.

L'ampiezza finale di un'onda dopo il processo di amplificazione dipende dal valore a cui è rimasta congelata, e questo, come abbiamo visto, dipende dal valore di $L_H$ durante la fase inflazionaria. È importante allora osservare che onde diverse arrivano alla condizione di congelamento $\lambda = L_H$ in istanti diversi: infatti, più è piccola la lunghezza d'onda iniziale, più a lungo bisogna aspettare affinché $\lambda$ cresca a sufficienza e arrivi a soddisfare la condizione $\lambda = L_H$.

Ne consegue che l'ampiezza finale sarà la stessa per tutte le onde solo se $L_H$ è costante. Se $L_H$ cresce nel tempo allora lunghezze d'onda più corte, che si congelano più tardi, avranno un'ampiezza (che è proporzionale a $1/L_H$) più piccola delle altre. Se $L_H$ decresce nel tempo succederà esattamente il contrario.

Ma – come già sottolineato – $1/L_H$ è anche proporzionale alla curvatura. Perciò, se la curvatura decresce durante l'inflazione le fluttuazioni con lunghezza d'onda più corte saranno amplificate meno delle altre; se la curvatura cresce, invece, le lunghezze d'onda più corte saranno maggiormente amplificate.

La lunghezza d'onda, d'altra parte, è inversamente proporzionale alla frequenza (e all'energia) dell'onda: piccole lunghezze d'onda corrispondono a grandi frequenze, e viceversa. Possiamo quindi riassumere le conclusioni precedenti dicendo che, in generale, l'amplificazione inflazionaria delle fluttuazioni quantistiche in funzione del-

---

[34] Ricordiamo infatti che $L_H$ determina anche, in accordo alle equazioni di Einstein, il raggio di curvatura della geometria su scala cosmologica.

la frequenza tende a seguire l'andamento della curvatura della fase inflazionaria in funzione del tempo. Più precisamente, l'intensità spettrale della radiazione gravitazionale prodotta risulta costante, crescente o decrescente in frequenza a seconda che la fase inflazionaria sia caratterizzata da una curvatura costante, crescente o decrescente nel tempo.

Grazie a questo semplice – ma importante – risultato siamo immediatamente in grado di distinguere i gravitoni fossili che provengono da una fase inflazionaria tipica del modello standard, a curvatura decrescente, dagli eventuali gravitoni fossili provenienti dalla fase di pre-big bang, a curvatura crescente, tipica della cosmologia di stringa[35] (si vedano ad esempio le Figure 6.3, 6.4). Se potessimo osservare un fondo cosmico di gravitoni, misurare il suo spettro, e determinare se è crescente (o decrescente), sapremmo allora se è stato prodotto prima (o dopo) il Big Bang.

Fino ad oggi, purtroppo, nessun fondo cosmico di radiazione gravitazionale fossile è mai stato osservato. È una cosa comprensibile poiché tale fondo, se esiste, nel punto di massima intensità potrebbe avere una densità d'energia non superiore a circa un milionesimo della (già piccolissima) densità d'energia tipica della materia oscura presente a livello cosmico[36]. Dobbiamo inoltre ricordare che la gravità, tra tutte le interazioni fondamentali, è quella in assoluto più debole e più difficile da studiare sperimentalmente.

Ciononostante, ci sono in principio varie possibilità per rivelare un fondo di gravitoni fossili, con metodi sia diretti che indiretti. Per i nostri scopi sarà sufficiente ricordarne due: la rivelazione diretta mediante le antenne gravitazionali[37] attualmente esistenti, e quella

---

[35]La possibilità di un fondo di gravitoni fossili più intenso alle alte che alle basse frequenze come tipico effetto di una fase inflazionaria precedente al Big Bang è stata suggerita da M. Gasperini e M. Giovannini [69], e successivamente studiata da R. Brustein, M. Gasperini e G. Veneziano [70].

[36]Se fosse più intenso, infatti, avrebbe influenzato la dinamica cosmologica fin dall'epoca della nucleosintesi, in contrasto con i risultati delle osservazioni attuali.

[37]Sono strumenti capaci di captare le onde gravitazionali che li attraversano, e che hanno la funzione di amplificare gli effetti elettromeccanici prodotti dall'onda per cercare di fornire un segnale sufficientemente intenso da essere rivelabile. Sono disponibili attualmente in due tipi basati, rispettivamente, sul meccanismo della barra risonante e dell'interferometro. Ci sono progetti, già in fase avanzata, di posizionarli anche in orbita nello spazio per renderli più sensibili (si veda ad esempio il testo di M. Maggiore [71], oppure [39] per una discussione focalizzata sulla rivelazione dei gravitoni fossili, oppure [3] per un testo in italiano).

indiretta mediante i possibili effetti dei gravitoni sul fondo cosmico di radiazione elettromagnetica.

L'interazione gravitazionale, infatti, è universale, e le onde gravitazionali agiscono su tutte le possibili forme di materia e di energia. I gravitoni fossili possono dunque interagire con i fotoni che fanno parte del fondo di radiazione cosmica, e modificarne alcune proprietà. Per esempio, possono imprimere variazioni di temperatura e densità con la caratteristica forma di anelli concentrati attorno a un punto, come abbiamo visto nel paragrafo precedente, se sono gravitoni emessi da esplosioni di energia primordiale. I gravitoni prodotti dall'inflazione, invece, modificano la temperatura dei fotoni provocando anisotropie e disomogeneità distribuite in modo stocastico su tutti i punti dello spazio.

Inoltre, i gravitoni di origine inflazionaria sono in grado di influenzare in maniera peculiare e caratteristica la cosiddetta "polarizzazione" dei fotoni cosmici, ossia la direzione lungo la quale sono orientate le oscillazioni delle corrispondenti onde elettromagnetiche. L'effetto dei gravitoni, in particolare, è quello di produrre un tipico stato di polarizzazione chiamato "modo B" (o modo magnetico), e caratterizzato dal fatto che le direzioni di polarizzazione tendono a disporsi a forma di vortice attorno ai punti più caldi e a quelli più freddi.

A differenza delle anisotropie e delle disomogeneità termiche, che possono essere prodotte anche da radiazione fossile di tipo scalare, la produzione di stati polarizzati nel modo B è un effetto tipicamente dovuto alla presenza di gravitoni. L'eventuale osservazione di questa polarizzazione fornirebbe dunque una chiara evidenza sperimentale, importante anche se indiretta, dell'esistenza di un fondo di gravitoni fossili.

Viste le attuali sensibilità sperimentali, un risultato positivo sulla polarizzazione implicherebbe anche che il fondo è sufficientemente intenso alle bassissime frequenze alle quali si studiano le anisotropie e la polarizzazione della radiazione elettromagnetica cosmica[38]. A queste frequenze, per produrre un segnale attualmente rivelabile, la

---

[38]Le anisotropie e le disomogeneità nella distribuzione e nella temperatura della radiazione elettromagnetica cosmica, che vengono attualmente studiate a scale angolari dell'ordine di un grado o di poco inferiori, corrispondono a fluttuazioni con lunghezza d'onda dell'ordine di $1 - 0.01$ raggi di Hubble $L_H$. La corrispondente frequenza va dai $10^{-18}$ ai $10^{-16}$ Hertz.

densità d'energia del fondo dovrebbe risultare non molto inferiore a circa un decimiliardesimo ($10^{-10}$) della densità della materia oscura. Una rivelazione diretta dei gravitoni fossili, invece, implicherebbe che il fondo ha un'intensità elevata alle alte frequenze. Le antenne gravitazionali attualmente disponibili (includendo anche quelle non ancora realizzate ma in fase di progetto) sono infatti sensibili e operative solo nella banda di frequenza che va dal millihertz ($10^{-3}$ Hertz) al kilohertz ($10^3$ Hertz). In questa banda, l'intensità minima di un fondo rivelabile dipende dal tipo di antenna: attualmente la minima densità d'energia richiesta è pari a circa un centomillesimo ($10^{-5}$) della densità di materia oscura, ma potrebbe scendere fino a $10^{-10} - 10^{-11}$ in un prossimo futuro (grazie soprattutto alle antenne collocate nello spazio).

Osservare direttamente i gravitoni fossili prodotti dall'inflazione, oppure osservare gli effetti indotti dai gravitoni sulla polarizzazione dei fotoni, rappresenta una difficile ma entusiasmante sfida per la fisica sperimentale dei prossimi anni. Comunque andranno le cose, è incoraggiante notare che la situazione, perlomeno da un punto di vista teorico, è concettualmente abbastanza semplice.

Se dovessimo ottenere risultati positivi da entrambi i tipi di esperimento potremmo confrontare l'intensità della radiazione gravitazionale alle basse e alle alte frequenze, determinare il tipo di spettro (crescente o decrescente), e sapere così se i gravitoni sono stati emessi prima o dopo l'epoca che corrisponde al Big Bang.

Se osservassimo invece gli effetti di polarizzazione a bassa frequenza, ma senza "vedere" direttamente i gravitoni con le antenne gravitazionali, il risultato non sarebbe conclusivo (perlomeno fino a quando la sensibilità delle antenne non raggiunge lo stesso livello di sensibilità degli esperimenti sulla polarizzazione). Però avremmo un forte indizio che lo spettro è decrescente e che i gravitoni sono stati prodotti da una fase di inflazione standard (perché gli spettri crescenti, al contrario, tendono a essere alquanto "ripidi", portando dunque un contributo trascurabile agli effetti di polarizzazione, come illustrato nella Fig. 6.7).

Viceversa, se osservassimo direttamente i gravitoni alle alte frequenze, e trovassimo una intensità di livello superiore a quello necessario per produrre gli effetti di polarizzazione, sarebbe un forte indizio che lo spettro è crescente e che i gravitoni sono stati prodotti

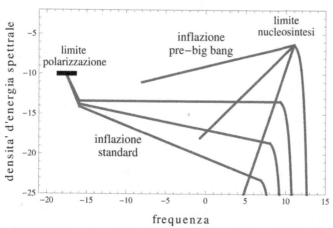

**Fig. 6.7**  Possibili esempi per la densità d'energia di un fondo di gravitoni fossili in funzione della frequenza. Lo spettro dell'energia è decrescente o costante per la fase inflazionaria del modello standard, mentre è crescente per la fase inflazionaria di tipo pre-big bang della cosmologia delle stringhe. Nel caso illustrato in figura l'intensità degli spettri decrescenti ha il valore massimo attualmente consentito dalla polarizzazione della radiazione elettromagnetica, e l'intensità degli spettri crescenti ha il valore massimo consentito dagli attuali dati sulla nucleosintesi. Si vedano ad esempio testi [3, 39] per una discussione dettagliata

da una fase inflazionaria tipica del pre-big bang e della cosmologia delle stringhe (si veda la Fig. 6.7).

Restiamo dunque in attesa, sperando che la Natura, come ha sempre fatto, ripaghi prima o poi i nostri sforzi e il nostro desiderio di conoscenza.

# 7. Conclusione

In queste pagine abbiamo viaggiato nello spazio e nel tempo, a distanze piccolissime e grandissime, un po' nel passato e un po' nel futuro. Abbiamo visto cose che non sappiamo bene come spiegare, e abbiamo fornito spiegazioni e modelli per cose che forse non vedremo mai. Abbiamo cercato di immaginare, soprattutto, la bellezza e la simmetria nascoste nell'unità delle forme di materia e di energia più diverse e nella semplicità dei processi fisici più complicati. Abbiamo capito che forse non ci sono limiti al nostro livello di comprensione della realtà nella quale siamo immersi, perché ogni volta che crediamo di aver costruito un modello efficiente, completo e finale, ecco apparire nuove interazioni naturali, nuove dimensioni spaziali, nuovi oggetti fondamentali, nuove era cosmologiche...

La mia conclusione, a questo punto, è molto semplice. Prima di trovare una soddisfacente risposta alle domande che ci sottopone la fisica attuale (ad esempio, quale teoria può descrivere tutte le forze della Natura, quante dimensioni ha lo spazio, come è nato, come evolve e cosa farà in futuro l'Universo, ecc.), ci aspettano ancora tanti anni di lavoro e – sicuramente – ancora tante interessanti sorprese.

# Bibliografia

[1] R. Durrer, *The Cosmic Microwave Background* (Cambridge University Press, Cambridge, 2008).

[2] S. Weinberg, *Cosmology* (Oxford University Press, Oxford, 2008).

[3] M. Gasperini, *Lezioni di Cosmologia Teorica* (Spriger-Verlag, Milano, 2012).

[4] E. G. Adelberger, B. R. Heckel and A. E. Nelson, *Ann. Rev. Nucl. Part. Sci.* 53, 77 (2003).

[5] E. Fischbach, D. Sudarsky, A. Szafer, C. Talmadge and S. H. Aronson, *Phys. Rev. Lett.* 56, 3 (1986).

[6] R. Barbieri and S. Cecotti, *Z. Phys.* C 33, 255 (1986).

[7] M. Gasperini, *Phys. Rev.* D 40, 325 (1989).

[8] M. Gasperini, *Phys. Rev.* D 63, 047301 (2001).

[9] T. Taylor and G. Veneziano, *Phys. Lett.* B 213, 459 (1988).

[10] J. Khoury and A. Weltman, *Phys. Rev.* D 69, 044026 (2004).

[11] R. Sundrum, *Phys. Rev.* D 69, 044014 (2004).

[12] T. Kaluza, *Sitzungsber. Preuss. Akad. Wiss. Berlin* 1921, 966 (1921);
O. Klein, *Z. Phys.* 37, 895 (1926).

[13] N. Arkani Hamed, S. Dimopoulos and G. R. Dvali, *Phys. Lett.* B 429, 263 (1998).

[14] I. Antoniadis, *Phys. Lett.* B 246, 377 (1990).

[15] L. Randall and R. Sundrum, *Phys. Rev. Lett.* 83, 4960 (1999).

[16] A. G. Riess et al., *Astron. J.* 116, 1009 (1998);
S. Perlmutter et al., *Astrophys. J* 517, 565 (1999).

[17] G. Dvali, G. Gabadadze and M. Porrati, *Phys. Lett.* B 485, 208 (2000).

[18] I. Slatev, L.Wang and P. J. Steinhardt, *Phys. Rev. Lett.* 82, 869 (1999).

[19] C. Armendariz-Picon, V. Mukhanov and P. J. Steinhardt, *Phys. Rev. Lett.* 85, 4438 (2000).

[20] M. Gasperini, *Phys. Rev.* D 64, 043510 (2001).

[21] M. Gasperini, F. Piazza and G. Veneziano, *Phys. Rev.* D 65, 023508 (2001).

[22] L. Amendola, M. Gasperini and F. Piazza, *JCAP* 09, 014 (2004); *Phys. Rev.* D 4, 127302 (2006).

[23] S. Weinberg, *Rev. Mod. Phys.* 61, 1 (1989).

[24] B. Zumino, *Nucl. Phys.* B 89, 535 (1975).

[25] E. Witten, in ``*Sources and detection of dark matter and dark energy in the Universe*'', ed. by D. B. Cline (Springer-Verlag, Berlin, 2001), p. 27.

[26] R. Bousso, *Gen. Rel. Grav.* 40, 607 (2008).

[27] T. Padmanabhan, *Gen. Rel. Grav.* 40, 529 (2008).

[28] M. Gasperini, *JHEP* 06, 009 (2008).

[29] G.F. R. Ellis, *Spacetime and the passage of time*, arXiv:1208.2611 (pubblicato su Springer Hanbook of Spacetime, in corso di stampa).

[30] P. C. W. Davies, *Scientific American* Special Edition 21, 8 (2012).

[31] J. B. Barbour, *The End of Time: the Next Revolution in Physics* (Oxford University Press, Oxford, 1999).

[32] . D. Barrow and D. J. Shaw, *Phys. Rev. Lett.* 106, 101302 (2011).

[33] N. Kaloper and K. A. Olive, *Phys. Rev.* D 57, 811 (1998).

[34] E. Caianiello, *La Rivista del Nuovo Cimento* 15, 1 (1992).

[35] M. Gasperini, *Int. J. Mod. Phys.* D 13, 2267 (2004).

[36] B. Zwiebach, *A First Course in String Theory* (Cambridge University Press, Cambridge, 2009).

[37] M.B. Green, J. Schwartz and E. Witten, *Superstring Theory* (Cambridge University Press, Cambridge, 1987).

[38] J. Polchinski, *String Theory* (Cambridge University Press, Cambridge, 1998).

[39] M. Gasperini, *Elements of String Cosmology* (Cambridge University Press, Cambridge, 2007).

[40] M. A. Virasoro, *Phys. Rev.* D 1, 2933 (1970).

[41] P. Ramond, *Phys. Rev.* D 3, 2415 (1971).

[42] A. Neveau and J. H. Schwarz, *Nucl. Phys.* B 31, 86 (1971).

[43] F. Gliozzi, J. Scherk and A. Olive, *Nucl. Phys.* B 122, 253 (1977).

[44] A. Sagnotti, ''Notes on Strings and Higher Spins'', ar-Xiv:1112.4285 (2012).

[45] K. Kikkawa and M. Y. Yamasaki, *Phys. Lett.* B 149, 357 (1984).

[46] N. Sakai and I. Senda, *Prog. Theor. Phys.* 75, 692 (1984).

[47] A. A. Tseytlin, *Mod. Phys. Lett.* A 6, 1721 (1991).

[48] G. Veneziano, *Phys. Lett.* B 265, 287 (1991).

[49] E. Witten, *Nucl. Phys.* B 443, 85 (1995).

[50] R. Bousso and J. Polchinski, *Scientific American* 291, 60 (2004).

[51] R. Brandenberger and C. Vafa, *Nucl. Phys.* B 316, 391 (1989).

[52] A. A. Tseytlin and C. Vafa *Nucl. Phys.* B 372, 443 (1992).

[53] S. Alexander, R. Brandenberger and D. Easson, *Phys. Rev.* D 62, 103509 (2000).

[54] S. Weinberg, *Gravitation and Cosmology* (Wiley, New York, 1972).

[55] A. A. Penzias and R. W. Wilson, *Astrophys. J.* 142, 419 (1965).

[56] J. Smooth et al., *Astrophys. J.* 396, L1 (1992).

[57] A. Guth, *Phys. Rev.* D 23, 347 (1981).

[58] E. W. Kolb and M. S. Turner, *The Early Universe* (Addison Wesley, Redwood City, CA, 1990).

[59] A. Borde, A. Guth and A. Vilenkin, *Phys. Rev. Lett.* 90, 151301 (2003).

[60] M. Gasperini and G. Veneziano, *Astropart. Phys.* 1, 317 (1993).

[61] M. Gasperini, *The Universe before the Big Bang: cosmology and string theory* (Springer-Verlag, Berlin Heidelberg, 2008).

[62] J. Khoury, B. A. Ovrut, P. J. Steinhardt and N. Turok, *Phys. Rev.* D 64, 123522 (2001).

[63] P. J. Steinhardt and N. Turok, *Phys. Rev.* D 65, 126003 (2002).

[64] N. Goheer, M. Kleban and L. Susskind, *JHEP* 0307, 056 (2003).

[65] C. Burgess et al., *JHEP* 0107, 047 (2001).

[66] S. Kachru et al., *JCAP* 0310, 013 (2003).

[67] R. Penrose, *Cycles of time: an extraordinary new view of the Universe* (Bodley Head, London, 2010).

[68] V. G. Gurzadyan and R. Penrose, *Eur. Phys. J. Plus* 128, 22 (2013).

[69] M. Gasperini and M. Giovannini, *Phys. Lett.* B 282, 36 (1992); *Phys. Rev.* D 47, 1519 (1993).

[70]  R. Brustein, M. Gasperini and G. Venenziano, *Phys. Lett.* B 361, 45 (1995).

[71]  M. Maggiore, *Gravitational Waves* (Oxford University Press, Oxford, 2007).

# Indice analitico

# i blu - pagine di scienza

## Volumi pubblicati

P. Greco *L'universo a dondolo. La scienza nell'opera di Gianni Rodari*

C. Ciliberto, R. Lucchetti (a cura di) *Un mondo di idee. La matematica ovunque*

A. Teti *PsychoTech - Il punto di non ritorno. La tecnologia che controlla la mente*

R. Guzzi *La strana storia della luce e del colore*

D. Schiffer *Attraverso il microscopio. Neuroscienze e basi del ragionamento clinico*

L. Castellani, G.A. Fornaro *Teletrasporto. Dalla fantascienza alla realtà*

F. Alinovi *GAMESTART! Strumenti per comprendere i videogiochi*

M. Ackmann *MERCURY 13. La vera storia di tredici donne e del sogno di volare nello spazio*

R. Di Lorenzo *Cassandra non era un'idiota. Il destino è prevedibile*

A. De Angelis *L'enigma dei raggi cosmici. Le più grandi energie dell'universo*

W. Gatti *Sanità e Web. Come Internet ha cambiato il modo di essere medico e malato in Italia*

J.J. Gòmez Cadenas *L'ambientalista nucleare. Alternative al cambiamento climatico*

M. Capaccioli, S. Galano *Arminio Nobile e la misura del cielo ovvero Le disavventure di un astronomo napoletano*

N. Bonifati, G.O. Longo *Homo Immortalis. Una vita (quasi) infinita*

F.V. De Blasio *Aria, acqua, terra e fuoco - Volume 1. Terremoti, frane ed eruzioni vulcaniche*

F.V. De Blasio *Aria, acqua, terra e fuoco - Volume 2. Uragani, alluvioni, tsunami e asteroidi*

N. Bonifati, G.O. Longo *Homo Immortalis. Una vita (quasi) infinita*

F.V. De Blasio *Aria, acqua, terra e fuoco - Volume 1. Terremoti, frane ed eruzioni vulcaniche*

L. Boi *Pensare l'impossibile. Dialogo infinito tra arte e scienza*

E. Laszlo, P.M. Biava (a cura di) *Il senso ritrovato*

F.V. De Blasio *Aria, acqua, terra e fuoco - Volume 2. Uragani, alluvioni, tsunami e asteroidi*

J.-F. Dufour *Made by China. Segreti di una conquista industriale*

S.E. Hough *Prevedere l'imprevedibile. La tumultuosa scienza della previsione dei terremoti*

R. Betti, A. Guerraggio, S. Termini (a cura di)*Storie e protagonisti della matematica italiana* per raccontare *20 anni di "Letteratura Matematica Pristem"*

A. Lieury *Una memoria d'elefante? Veritrucchi e false astuzie*

C.O. Curceanu *Dai buchi neri all'adroterapia. Un viaggio nella Fisica Moderna*

R. Manzocco *Esseri Umani 2.0. Il Transumanismo: idee, storia e critica della più nuova delle ideologie*

P. Greco *Galileo l'artista toscano*

M. Gasperini *Gravità, stringhe e particelle. Una escursione nell'ignoto*